2023 年汛期优秀气象服务典型案例

中国气象局应急减灾与公共服务司
中国气象局公共气象服务中心　组编

气象出版社
China Meteorological Press

内容简介

本书汇编了2023年汛期优秀气象服务典型案例，共收录了全国31个省（区、市）气象部门和中国气象局相关直属单位的42个典型案例，包括《“23・7”极端强降雨过程应对情况》《“杜苏芮”强降雨及海河“23・7”流域性特大洪水气象服务案例》《预警先导＋递进服务　以精准预报和精细服务践行“人民至上、生命至上”》《上下联动齐发力　电力抢修保支撑》等优秀案例，每个案例包括基本情况、监测预报预警情况、气象服务情况、防灾减灾效益、经验与启示等方面，凝练总结了各级气象部门为各行各业做好气象服务、助力防灾减灾的宝贵经验，具有一定的参考价值。

本书是气象部门气象服务工作的重要史料，也可作为气象部门相关科研业务人员的参考读物。

图书在版编目（CIP）数据

2023年汛期优秀气象服务典型案例 / 中国气象局应急减灾与公共服务司，中国气象局公共气象服务中心组编. 北京 : 气象出版社，2025. 5. -- ISBN 978-7-5029-8473-1

Ⅰ. P451

中国国家版本馆CIP数据核字第2025GM7013号

2023年汛期优秀气象服务典型案例

2023 Nian Xunqi Youxiu Qixiang Fuwu Dianxing Anli

出版发行：气象出版社

地　　址：北京市海淀区中关村南大街46号　　**邮政编码**：100081

电　　话：010-68407112（总编室）　010-68408042（发行部）

网　　址：http://www.qxcbs.com　　**E-mail**：qxcbs@cma.gov.cn

责任编辑：彭淑凡　　**终　　审**：张　斌

责任校对：张硕杰　　**责任技编**：赵相宁

封面设计：艺点设计

印　　刷：北京建宏印刷有限公司

开　　本：787 mm×1092 mm　1/16　　**印　　张**：12

字　　数：292千字

版　　次：2025年5月第1版　　**印　　次**：2025年5月第1次印刷

定　　价：90.00元

《2023年汛期优秀气象服务典型案例》编委会

PREFACE

前　言

每年汛期是气象预报员和气象服务工作者夜以继日的特殊时期，他们奋斗在气象防灾减灾救灾第一线，始终坚持“人民至上、生命至上”，努力做到“监测精密、预报精准、服务精细”，谱写了守护生命安全、保障民生福祉的华丽篇章，其间涌现出一个个感人的奋斗事迹、一个个鲜活的气象服务案例，值得大家学习、宣传和颂扬。

为此，中国气象局应急减灾与公共服务司于2023年面向全国31个省（区、市）气象部门和中国气象局相关直属单位征集汛期优秀服务典型案例，汇编成这本《2023年汛期优秀气象服务典型案例》，旨在进一步推动公共气象服务高质量发展，提高气象服务的针对性、时效性、敏感性和综合性。

入选本书的优秀案例是各级气象部门针对重大气象灾害、局地突发性气象灾害和高影响天气事件开展服务的情况总结形成的，可为探索研究气象服务共性问题和普遍规律、总结服务经验和教训提供参考依据。鉴于我国灾害种类的多样性，本书摘录的案例并不仅限于汛期，也有其他季节和特殊时期的典型案例。与此同时，服务案例并不局限于气象防灾减灾，还涉及能源保供、粮食安全、生态安全服务等其他方面，彰显了气象服务的多样性和多元化。

每篇服务案例大致由基本情况、监测预报预警情况、气象服务亮点、气象服务情况、气象服务效益、经验与启示等部分组成，详细介绍了气象部门在2023年重大气象服务过程中的工作全貌，凝练总结了值得借鉴的宝贵经验和深刻教训。

全部案例由中国气象局应急减灾与公共服务司进行征集和收稿，由中国气象局公共气象服务中心组织专家进行评审、修改和统稿，最终精选出42个典型优秀案例汇编成册。

本次优秀案例的组稿和汇编过程，得到了中国气象局各职能司、相关国家级业务单位以及全国31个省（区、市）气象局的大力支持，在此表示衷心的感谢！

由于编者水平有限、时间仓促，本书难免存在疏漏之处，敬请各位读者指正。

编　者

2024年12月

CONTENTS

目　录

"23·7"极端强降雨过程应对情况

北京市气象局

吴宏议　荆　浩　马小会　王媛媛　胡瑞卿

2023年7月29日20时至8月2日07时，北京出现极端强降雨。北京市气象局坚决贯彻落实习近平总书记关于气象工作重要指示和对北京的一系列重要讲话精神，坚持"人民至上、生命至上"，坚持首善标准，成功预报，提前发布暴雨红色预警信号，得到了北京市委书记尹力、市长殷勇的充分肯定。

一、基本情况

（一）平均雨量大，区域特征明显

2023年7月29日20时—8月2日07时（图1），北京全市平均降雨量为331毫米，占常年（1991—2020年平均，下同）平均年降雨量551.3毫米的60%，明显多于1963年"63·8"特大暴雨（281.2毫米）和2012年"7·21"特大暴雨（170毫米）。西部沿山一带降雨尤其明显，房山平均降雨量为627.1毫米，门头沟为565.3毫米，远超全市平均降雨量，位列全市各区平均降雨量的第一和第二位。累计降雨量400毫米以上面积中，94%出现在门头沟、房山、昌平；累计600毫米以上99%、累计800毫米以上100%出现在上述三区。

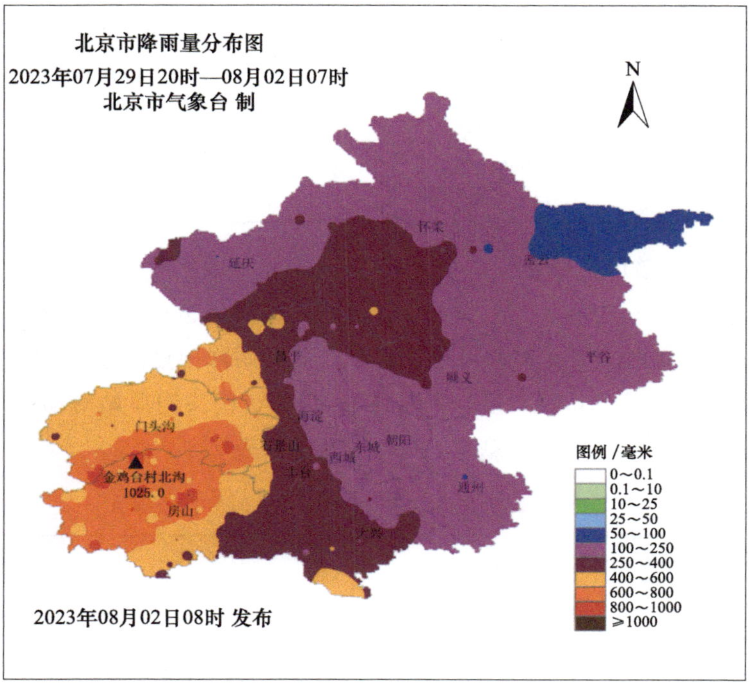

图1　7月29日20时—8月2日07时北京市降雨量分布图

（二）持续时间长，阶段性特征明显

此次降雨过程持续 83 小时，远超 2012 年的“7·21”特大暴雨（20 小时），仅次于 1963 年“63·8”特大暴雨（144 小时）。从逐时全市平均降雨量和最大小时雨强时序图（图 2）可以看出，小时降雨量大于 20 毫米的为 61 小时，约占过程总时间的 3/4。

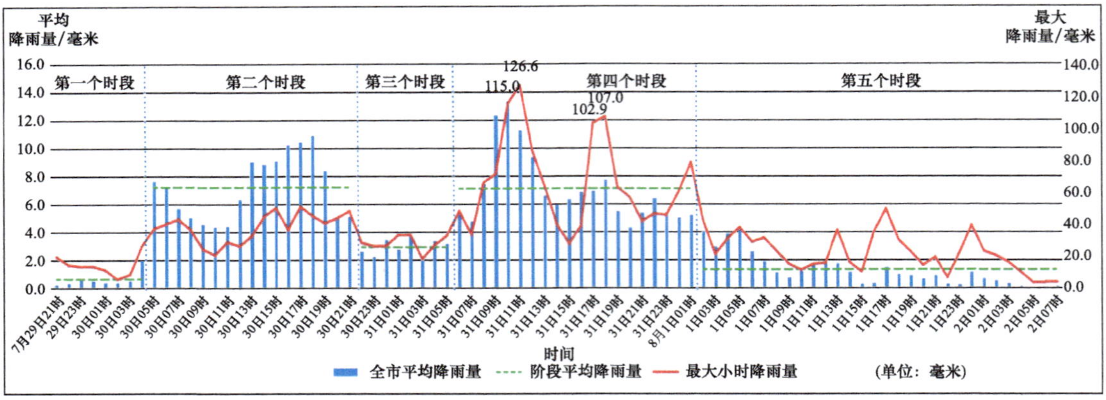

图 2　北京市逐时平均降雨量和最大小时雨强时序图

强降雨呈现五个阶段性特征。第二和第四阶段为主要强降雨阶段（表 1），均为全市范围出现降雨，且西部地区明显。

表 1　五个阶段降雨时间、强度和影响区域对比

项目	第一阶段	第二阶段	第三阶段	第四阶段	第五阶段
影响时间段	7 月 29 日 20 时—30 日 05 时	30 日 05—21 时	30 日 21 时—31 日 06 时	31 日 06 时—8 月 1 日 01 时	8 月 1 日 01 时—2 日 07 时
持续时间	9 小时	16 小时	9 小时	19 小时	30 小时
最大小时雨强	＜20 毫米/小时	30～50 毫米/小时	20～40 毫米/小时	50～100 毫米/小时	10～40 毫米/小时
主要影响区域	分散性	全市范围，西南部更明显	西部山区	全市范围，西部明显	西部转东部地区

（三）单站降雨量破历史极值

此次降雨过程中，全市有 86 站（占比 12.7%）降雨量超过了 600 毫米；有 28 站超过 800 毫米，均出现在房山、门头沟和昌平，其中有 3 个站降雨量超过 1000 毫米［北京市规划和自然资源委员会（简称市规自委）雨量站］。房山、门头沟单站滑动 24 小时最大降雨量均超过 600 毫米，分别达 657.2 毫米、657.5 毫米（表 2）。

表 2　房山、门头沟、昌平单站 24 小时最大降雨量

区域	24 小时最大降雨量	出现点位	出现时间	占本站过程总量百分比
房山	657.2 毫米	佛子庄乡北窖村委会	7 月 30 日 12 时—31 日 12 时	65.2%
门头沟	657.5 毫米	天桥浮村、拉拉湖村	7 月 30 日 10 时—31 日 10 时	70.8%
昌平	568.2 毫米	狼儿峪村	7 月 30 日 12 时—31 日 12 时	70.5%

气象部门站点中，房山新村气象观测站记录到 879.4 毫米降雨量，历史排位第一，远超 2012 年“7 · 21”特大暴雨单点极值（房山河北镇 541.0 毫米）和 1963 年“63 · 8”特大暴雨单点极值（海淀站 512.8 毫米）。

（四）地形增幅作用明显，西部山区短时雨强强

全市 10 站次小时雨强超过 100 毫米/小时，其中 8 个出现在门头沟、房山和丰台西部，2 个出现在大兴。最大小时雨强出现在门头沟龙泉地区办事处，为 126.6 毫米/小时，是 2010 年以来观测到的第二大小时雨强，仅次于 2011 年 6 月 23 日石景山模式口的 128.9 毫米/小时，超过 2012 年“7 · 21”特大暴雨（平谷挂甲峪村 100.3 毫米/小时）。

二、监测预报预警情况

深化国省和京津冀联动，举行专题会商 6 次，中央气象台、中国气象局气象探测中心首席专家连日驻场值守。国家卫星气象中心启动京津冀区域风云卫星 1 分钟快扫。逐时共享京津冀及海河流域预报和实况产品。7 月 25 日起跟踪分析研判台风“杜苏芮”对北京影响，28 日 09 时发布首期决策服务专报。北京市气象台于 7 月 29 日 11 时 45 分发布暴雨橙色预警信号，提前量为 41.3 小时。17 时 30 分升级为暴雨红色预警信号，提前量为 36.5 小时。7 月 31 日 10 时继续发布分区域的暴雨红色预警信号，8 月 1 日 07 时降级为暴雨黄色预警信号，2 日 07 时 30 分解除暴雨黄色预警信号。与市水务局联合发布山洪灾害和积水内涝风险预警，与市规自委联合发布地质灾害气象风险预警。各区发布暴雨、雷电、大风等预警信号 120 期。在房山、门头沟部分自动气象站数据缺失的情况下，国家气象中心、国家气象信息中心、中国气象局气象探测中心给予多源数据融合技术支持，提供雨量估测数据。

三、气象服务情况

（一）全天候直通式服务，有力支撑决策调度

7 月 28 日上午，召开服务动员部署会，北京市、区两级气象部门进入特别工作状态。7 月 29 日 10 时启动 Ⅰ 级应急响应。中国气象局和北京市委市政府领导 20 余次高频调度，主要负责人专题汇报，分管负责同志 2 次现场值守。自 7 月 27 日起，与各防汛专项分指挥部、流域防汛指挥部、区防汛指挥部保持 24 小时视频在线。全面落实汛期汛情“零报告”和高级别预警临灾“叫应”机制，逐半小时滚动发布降雨实况和未来降雨趋势信息。高频次提供决策气象服务材料 107 期。

（二）全面场景式融入服务，保障城市安全运行

组建核心区、经济开发区气象服务专班开展驻场服务。面向排水、铁路、交通、地铁、农业等部门发布各类专报 115 期，提供 2000 余条天气跟踪服务信息。依托地铁气象数字化智能平台，逐 10 分钟滚动更新 6 小时站点警报和降雨统计。与平安保险加强联动，将 43 个内涝隐患点嵌入平安好车主 APP。依托排水集团防汛综合指挥系统，加强积水点 5 分钟短时雨强监控和雨情变化追踪。

（三）全过程主动及时发声，有效引导舆情

与中国气象局、北京市委网信办联合加强舆情引导、分析研判、科学释惑。7 月 28 日夜间，提前发布风险防范提示。7月29日起，依托“北京发布”矩阵式平台全网滚动推送预报预警信息和服务提示。召开新闻通气会2场，发布全媒体新闻通稿3篇，首席预报员接受媒体采访6次。加入北京广播电视台新闻频道“闻汛而动”大直播，增加专家直播连线44次。“气象北京”微博、微信、短视频平台发布信息365条，阅读量达2353万人次。

四、气象防灾减灾效益

7月29日17时30分北京市政府启动一级响应，明确“非必要不出门、非必要不到岗”等9条硬措施。提前下达“关、停、封、撤”等应急措施，关闭景区230家，关闭山洪沟道427条。5100余家乡村民宿暂停营业，提前疏散转移4.2万余人，3554项在建工地全部停工，近50万建筑工人安全转移。8月2日，在全市调度会上市委尹力书记肯定：“这一次，气象局的同志对于我们预警、预报做了大量的、科学的工作，非常的及时，在这儿我们各个部门也要向气象局这方面的同志学习，要有这股精神，进一步做好工作。”殷勇市长在8月11日北京市气象局的复盘报告上批示：“北京市气象局在本市应对这轮历史罕见特大暴雨中发挥了关键作用，作出了突出贡献，体现了专业、担当、尽责、主动、服务的精神，值得全市各部门学习。”

“杜苏芮”强降雨及海河“23·7”流域性特大洪水气象服务案例

天津市气象局

段丽瑶　杨晓君　东高红　孙建元　陈　宏　徐灵芝

2023 年 7 月，受第 5 号台风“杜苏芮”残余环流影响，天津出现持续性大雨到暴雨，海河流域遭遇历史罕见极端强降雨。受强降雨影响，海河流域发生 1963 年以来最大场次特大洪水。天津市领导对强降雨过程作出重要批示，市气象局主要负责人靠前指挥，国省联动、区域协同，精准预报预警，有力支撑天津及海河流域极端强降雨和特大洪水应对。

一、基本情况

此次过程持续时间长、累计雨量大、极端性强、地形分布特征明显，强降雨导致海河出现流域性特大洪水。2023 年 7 月 29 日 07 时至 8 月 2 日 07 时，全市平均降雨量为 140.5 毫米，最大降雨量达 287.0 毫米（图 1），为 2012 年以来第 4 位，蓟州区、武清区和西青区国家气象观测站连续 2 天（30—31 日）出现暴雨以上量级降雨。

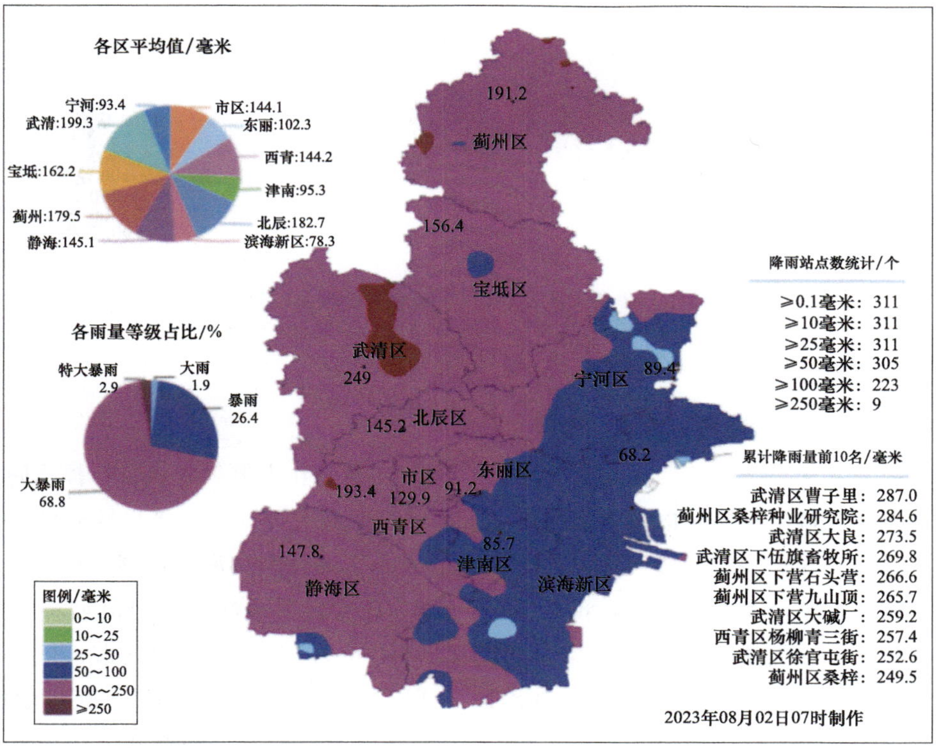

图 1　7 月 29 日 07 时—8 月 2 日 07 时天津累计降雨量分布图

7月28日20时至8月2日07时，海河流域最大降雨量为1008.5毫米（子牙河，河北省邢台市），最大面雨量为245.7毫米（大清河），最大小时降雨量为111.8毫米（北三河，北京市丰台区）（图2）。过程强度超过1996年“96·8”大洪水，日面雨量大清河历史排名第1，子牙河历史排名第2。

受强降雨影响，海河流域有22条河流发生超警以上洪水，8条河流发生有实测资料以来最大洪水。流域内8个蓄滞洪区相继启用，9月26日流域内洪水全部退净，历时近60天。

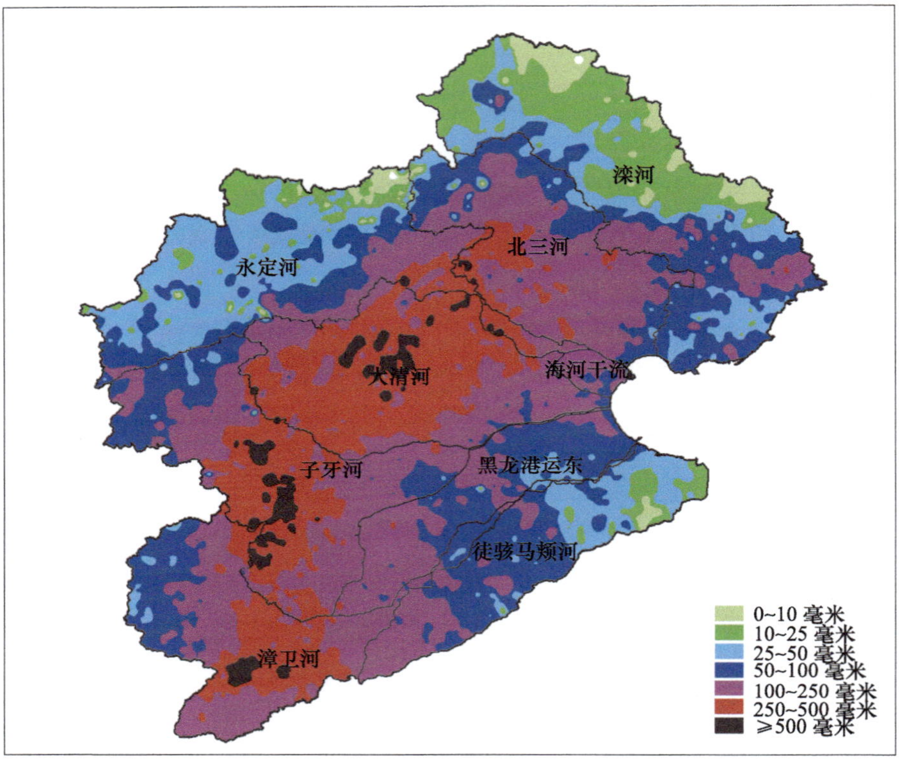

图2 7月28日20时—8月2日07时海河流域累计降雨量分布图

二、监测预报预警情况

（一）早提示、早预报，吹响“前哨”

一是提前8天作出防范台风北上的提示。7月20日制作专题气象报告，提示防范台风北上造成海河流域旱涝急转以及中小河流洪水和山洪地质灾害，为决策指挥调度提供科学依据。**二是提前5天预报强降雨过程。**7月23日在每天向水利部海河水利委员会（简称海委）提供的《气象信息专报》中，预报29日至31日受台风影响，海河流域将有明显降雨，此后每天滚动更新。**三是提前48小时准确预报。**7月27日向主管副市长呈送《专题气象报告》，汇报台风动态及其影响，准确预报降雨量级、落区、极端性，获批示；28日上午发布《重要气象信息专报》，市委市政府立即下发紧急通知，并召开防汛重点工作专题会议。

（二）重科学、重标准，精准"发令"

科学、精准研判天津天气形势，在北京市、河北省均已发布暴雨红色预警信号的情况下，严格按照标准于29日14:30发布天津市暴雨黄色预警信号，指导静海区发布暴雨橙色预警信号，预警信号与降水实况一致。根据预报预警，天津市政府及海委适时启动Ⅳ级至Ⅰ级不同级别应急响应命令。

（三）应需求、抗重任，赋能"调度"

强降雨前，密切关注台风"杜苏芮"动态及其影响；降雨中，加强天津及海河流域雨水情监测；行洪期间，开展国省联动，启用格点化多源融合数据产品，弥补蓄滞洪区的气象监测数据缺失，确保观测数据的连续性和一致性。

三、气象服务情况

（一）领导干部靠前指挥，主动服务

为应对此次强降雨天气过程，市气象局首次成立重大天气过程预报服务专班。一线业务人员开展会商研判（图3）。主要负责人2次参加市委常委会，2次参加市委书记调度会，3次当面、9次书面向市委书记、市长汇报天气情况。市气象局启动气象灾害（暴雨）Ⅰ级应急响应，市、区两级气象部门领导及相关人员全员上岗，全程24小时值班值守。强降雨及防洪抢险期间市气象局共发布各类决策气象服务信息467期，多份材料获市领导批示。

图3　一线业务人员开展会商研判

（二）加强部门联防联动，果断"叫应"

市、区两级气象部门通过当面汇报、电话、微信群等手段及时"叫应"党政领导及防汛部门负责人583次，与应急、水务等9部门24小时会商直连，联合发布玉米渍涝灾害重度风险预警和地质灾害气象风险黄色预警。面向电力、交通、旅游等重点行业开展气象服务保障，提供各类信息300余份。

（三）启动信息发布“绿色通道”，广泛发布

依托新一代预警信息发布系统，2小时全网发布暴雨预警信号和防御提示，累计覆盖3200余万人次。通过电视、网络、轨道PIS（乘客信息系统）屏、微信、微博等广泛滚动发布气象信息。新媒体滚动发布推文和信息覆盖300万人次。为水务和应急等部门发布洪水预警信号、山洪灾害风险提示等5万余人次。

（四）深入解读暴雨防御应对，科学避险

组织气象专家参加国省联动媒体通气会，发布科普解读文章、视频、强降雨解读等，专家访谈单条阅读量达157万人次；参与“关注京津冀极端强降雨”国省联动直播（图4），《人民日报》、新华网等十余家中央媒体直播，观看人数达1.7亿人次。

图4　北京市气象台首席预报员参与联动直播

（五）应用新技术做好泄洪服务，效果显著

防洪Ⅰ级应急响应期间，首次应用高分卫星对天津及海河流域重点水库、河道的水体面积动态变化进行监测并开展淹没受灾情况评估，制作6期专题决策服务材料，获市领导批示2次。

（六）发挥海河流域气象中心作用，加强联防

海河流域气象中心及时启动并升级气象服务联防Ⅰ级应急响应，组织流域会商3次，联合海委开展视频会商3次，滚动加密电话会商8次。利用“海澜”平台共享实况及预报信息，并为雄安新区白洋淀流域提供降雨实况、极端暴雨过程对比及未来降雨预报服务，对水库泄洪和蓄水提供预报参考。

四、气象防灾减灾效益

（一）精准预报预警降低防灾减灾成本

在北京、河北发布暴雨红色预警情况下，天津科学研判，坚持标准，发布暴雨黄色预警信号，避免了发布暴雨橙色、红色预警信号后，2.9 万群众转移，10 万防汛人员上岗成本投入以及停工、停业、停学、停课联动反应等社会面影响，节省近 1 亿元。

（二）精细服务得到各级领导充分肯定

天津市政府、水利部海委分别致函感谢（图 5），市政府常务副市长、分管副市长亲临市气象局检查指导工作并慰问气象职工（图 6），市总工会慰问防汛防台风一线气象职工，静海区委、区政府赠送锦旗致谢，2 个集体、3 名个人分别获评天津市抗洪抢险救灾先进集体和个人。

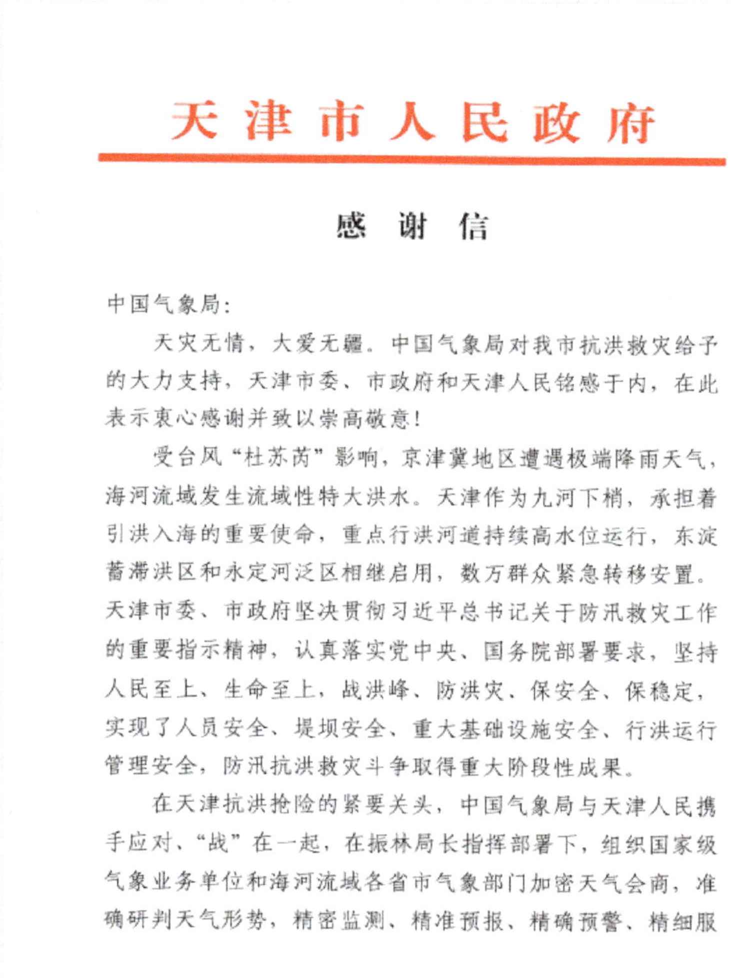

天 津 市 人 民 政 府

感 谢 信

中国气象局：

天灾无情，大爱无疆。中国气象局对我市抗洪救灾给予的大力支持，天津市委、市政府和天津人民铭感于内，在此表示衷心感谢并致以崇高敬意！

受台风"杜苏芮"影响，京津冀地区遭遇极端降雨天气，海河流域发生流域性特大洪水。天津作为九河下梢，承担着引洪入海的重要使命，重点行洪河道持续高水位运行，东淀蓄滞洪区和永定河泛区相继启用，数万群众紧急转移安置。天津市委、市政府坚决贯彻习近平总书记关于防汛救灾工作的重要指示精神，认真落实党中央、国务院部署要求，坚持人民至上、生命至上，战洪峰、防洪灾、保安全、保稳定，实现了人员安全、堤坝安全、重大基础设施安全、行洪运行管理安全，防汛抗洪救灾斗争取得重大阶段性成果。

在天津抗洪抢险的紧要关头，中国气象局与天津人民携手应对、"战"在一起，在振林局长指挥部署下，组织国家级气象业务单位和海河流域各省市气象部门加密天气会商，准确研判天气形势，精密监测、精准预报、精确预警、精细服

图 5　天津市政府致信感谢中国气象局

图 6　7 月 30 日晚天津市政府领导检查指导气象工作并看望慰问气象职工

预警先导+递进服务　以精准预报和精细服务践行“人民至上、生命至上”

（河北省）石家庄市气象局

李　然　张立霞　李朝华

受台风“杜苏芮”残余环流北上影响，2023 年 7 月 29 日—8 月 1 日河北省石家庄市出现极端强降雨天气。全市气象部门坚决贯彻落实习近平总书记对防汛救灾工作和关于气象工作重要指示精神，坚持“人民至上、生命至上”，以“时时放心不下”的责任感做好防汛气象服务保障工作，上下联动、左右协同，日夜坚守、滚动服务，充分发挥气象防灾减灾第一道防线作用，圆满完成强降水天气气象监测预报预警服务工作，受到市委、市政府高度肯定。

一、基本情况

此次降水过程持续时间长、累计雨量大，7 月 29 日 08 时—8 月 1 日 08 时全市平均降雨量 311.6 毫米，全部雨量站超过 50 毫米，307 个雨量站超过 100 毫米，208 个雨量站超过 250 毫米，赞皇、元氏、平山和井陉的 29 个雨量站超过 500 毫米，12 个雨量站超 600 毫米，赞皇的棋盘山最大（为 720.1 毫米）。强降水持续时间 72 小时，超过“96·8”“7·19”，平均降雨量也超过“96·8”“7·19”。

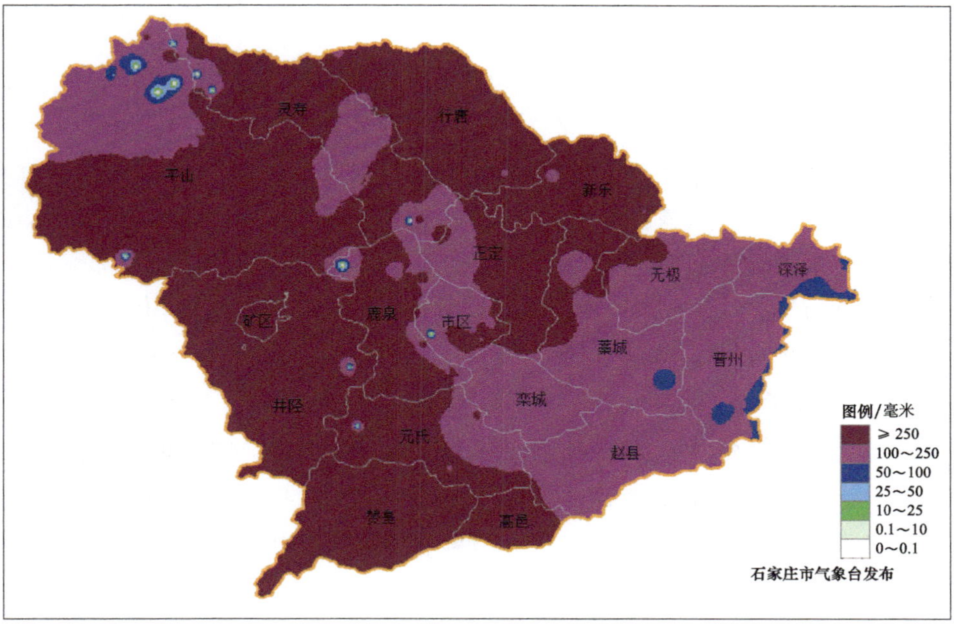

图 1　石家庄市 7 月 29 日 08 时—8 月 1 日 08 时过程降雨量

据市减灾委初步统计，此次天气过程共造成 11 个县（区）受灾，受灾人口达 155 123 人，农作物受灾面积 12 598.45 公顷，损坏房屋 5 891 间。

二、监测预报预警情况

自 7 月 21 日起每日密切关注台风“杜苏芮”的强度和路径，利用全市 334 个气象观测站、新乐新一代天气雷达以及风云气象卫星资料全时空高频次监测天气变化。与上游阳泉市、忻州市气象局共享雨情、预报信息。7 月 24 日发布《专题气象报告》指出“28 日夜间至 30 日有中到大雨，个别点有暴雨”。27 日下午、28 日上午组织 2 次会商研判，28 日 10 时形成“29－31 日我市将出现持续强降雨天气，累计降雨量 200～400 毫米，单点可超 500 毫米”的预报结论。29 日 09 时补充提出“单点雨量极值可达 800 毫米”。30 日 07 时再次发布《重要气象专报》，题为《受台风“杜苏芮”减弱低压影响 今日我市仍有强降水》，指出“累计降雨量 80～150 毫米，单点可超 200 毫米”。部分专题服务材料如图 2 所示。

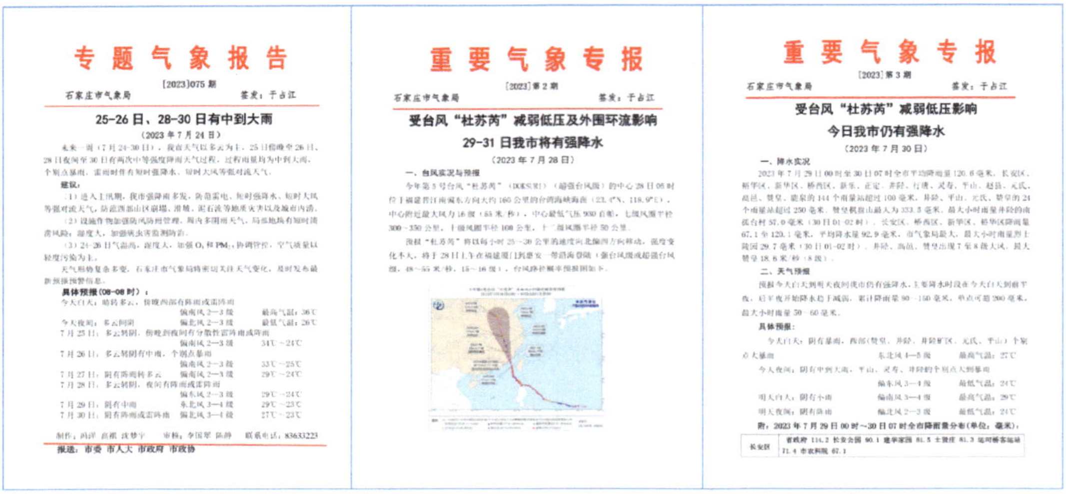
专题气象报告
[2023]075 期
石家庄市气象局 签发：于占江
25-26 日、28-30 日有中到大雨
（2023 年 7 月 24 日）

重要气象专报
[2023]第 2 期
石家庄市气象局 签发：于占江
受台风“杜苏芮”减弱低压及外围环流影响
29-31 日我市将有强降水
（2023 年 7 月 28 日）

重要气象专报
[2023]第 3 期
石家庄市气象局 签发：于占江
受台风“杜苏芮”减弱低压影响
今日我市仍有强降水
（2023 年 7 月 30 日）

图 2　石家庄市气象局第一时间发布的专题服务材料

7 月 29 日 09 时 07 分市气象台发布暴雨蓝色预警信号，11 时 09 分发布暴雨红色预警信号，16 个县（市、区）气象台均于 12 时 20 分之前及时果断发布暴雨红色预警，过程期间根据雨情变化滚动更新发布。此次降雨过程中，市、县气象部门累计发布暴雨、大风、雷电等各级预警信号 122 个，其中暴雨红色预警 63 个。联合应急、水利、自然资源部门发布各级山洪、地质灾害气象风险预警 44 期。

三、气象服务情况

此次天气过程市气象局主要负责同志靠前指挥、坐镇一线，领导班子调度气象服务工作（图 3）8 次。成立了预报、雨情、宣传科普、后勤服务 4 个工作专班，全员在岗、全面投入、全力迎战。针对赞皇、井陉、平山等降雨量较大的山区县，提前派出 3 名业务骨干现场指导气象服务工作。

（一）开展滚动式决策气象服务

7 月 24 日起相关预报结论均以专报形式报送市委市政府和有关部门，为政府及有关部门决策防灾减灾工作赢取宝贵时间。通过电话、微信等方式面向当地政府及相关部门主要领导、分管领导等开展预警“叫应”服务 566 人次，重要气象预警第一时间直达重点区域及重点部门责任人，系统填报“叫应”信息 97 条，为全市防汛减灾决策部署和危险区人员转移避险提供可靠气象服务（图 4）。28 日开始，通过市防汛工作群滚动发布逐小时更新的雨情实况和逐 3 小时更新的降水预报，及时向市政府、市防汛办、城区防汛办等多部门提供滚动雨情信息。市、县气象部门累计向当地党委政府报送服务材料 368 份，为政府及相关部门提前安排部署防灾工作提供决策依据。

图 3　石家庄市气象局于占江局长在全市台风“杜苏芮”防范应对工作调度会及防汛调度会上通报雨水情预测情况

图 4　石家庄市气象局于占江局长通过微信向市长、防汛相关单位一把手发送最新雨情及预报

（二）开展直通式行业气象服务

针对电力、交通等城市“生命线”重点领域，通过微信群昼夜不间断向电力、交通电台、铁路工务段责任人发送天气实况、未来降雨预报、预警信息（图 5）等共计 298 条。向城市更新重点项目、快递网点责任人等 600 余人发送气象服务信息。向环卫工人、鄂尔多斯—安平—沧州输气管道能源项目发布气象服务信息 2000 余条。向新型农业经营主体滚动发送气象服务信息 35 条。及时服务“亚洲尾波划水公开赛”“庄里球王　全城热练”等重大活动，市文广旅局、市体育局根据气象预报推迟 30 余场系列活动，气象服务保障工作获相关部门一致好评。

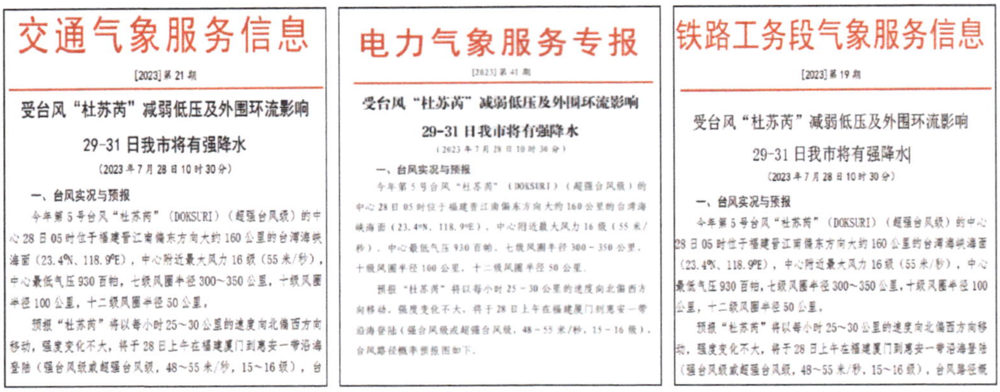
交通气象服务信息
[2023] 第 21 期
受台风“杜苏芮”减弱低压及外围环流影响
29-31 日我市将有强降水
（2023 年 7 月 28 日 10 时 30 分）
一、台风实况与预报
今年第 5 号台风“杜苏芮”（DOKSURI）（超强台风级）的中心 28 日 05 时位于福建晋江南偏东方向大约 160 公里的台湾海峡海面（23.4°N、118.9°E），中心附近最大风力 16 级（55 米/秒），中心最低气压 930 百帕，七级风圈半径 300～350 公里，十级风圈半径 100 公里，十二级风圈半径 50 公里。
预报“杜苏芮”将以每小时 25～30 公里的速度向北偏西方向移动，强度变化不大，将于 28 日上午在福建厦门到惠安一带沿海登陆（强台风级或超强台风级，48～55 米/秒，15～16 级），台

电力气象服务专报
[2023] 第 41 期
受台风“杜苏芮”减弱低压及外围环流影响
29-31 日我市将有强降水
（2023 年 7 月 28 日 10 时 30 分）
一、台风实况与预报
今年第 5 号台风“杜苏芮”（DOKSURI）（超强台风级）的中心 28 日 05 时位于福建晋江南偏东方向大约 160 公里的台湾海峡海面（23.4°N，118.9°E），中心附近最大风力 16 级（55 米/秒），中心最低气压 930 百帕，七级风圈半径 300－350 公里，十级风圈半径 100 公里，十二级风圈半径 50 公里。
预报“杜苏芮”将以每小时 25－30 公里的速度向北偏西方向移动，强度变化不大，将于 28 日上午在福建厦门到惠安一带沿海登陆（强台风级或超强台风级，48－55 米/秒，15－16 级），台风路径概率预报图如下。

铁路工务段气象服务信息
[2023] 第 19 期
受台风“杜苏芮”减弱低压及外围环流影响
29-31 日我市将有强降水
（2023 年 7 月 28 日 10 时 30 分）
一、台风实况与预报
今年第 5 号台风“杜苏芮”（DOKSURI）（超强台风级）的中心 28 日 05 时位于福建晋江南偏东方向大约 160 公里的台湾海峡海面（23.4°N、118.9°E），中心附近最大风力 16 级（55 米/秒），中心最低气压 930 百帕，七级风圈半径 300～350 公里，十级风圈半径 100 公里，十二级风圈半径 50 公里。
预报“杜苏芮”将以每小时 25～30 公里的速度向北偏西方向移动，强度变化不大，将于 28 日上午在福建厦门到惠安一带沿海登陆（强台风级或超强台风级，48～55 米/秒，15～16 级），台风路径概

图 5　交通、电力及铁路工务段专业气象服务材料示例

（三）开展联动式防御指挥调度

加强与市防汛抗旱指挥部办公室、市减灾委、市水利局、市自然资源和规划局联合会商研判，共享最新天气预报、雨情实况、预警信息（图 6）。市气象灾害防御指挥部办公室联合市防汛抗旱指挥部办公室印发《关于做好 7 月 29—31 日强降雨天气防范应对工作的紧急通知》，要求强化监测预警，加强重点领域监管，确保安全防范到位。发布气象灾害风险预警服务快报 3 期，城市内涝气象风险预警 3 期。

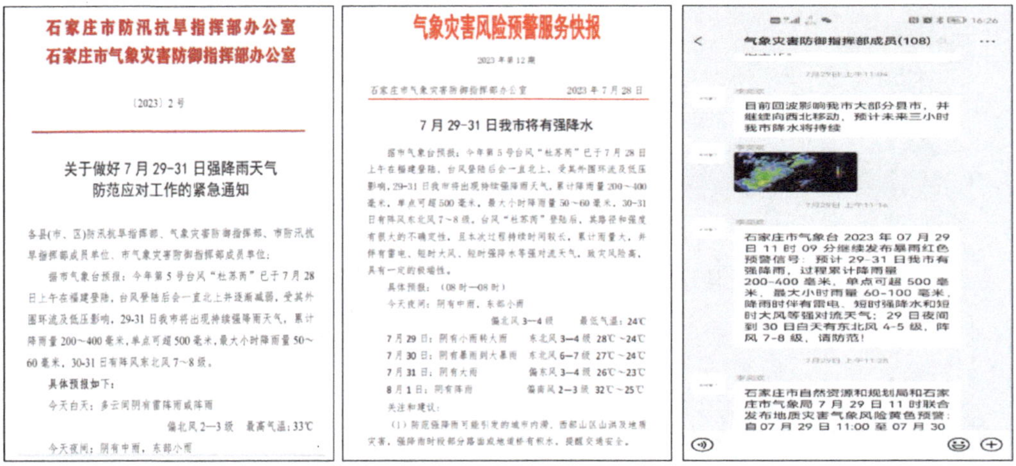
石家庄市防汛抗旱指挥部办公室
石家庄市气象灾害防御指挥部办公室
〔2023〕2 号
关于做好 7 月 29-31 日强降雨天气
防范应对工作的紧急通知
各县(市、区)防汛抗旱指挥部、气象灾害防御指挥部、市防汛抗旱指挥部成员单位、市气象灾害防御指挥部成员单位：
据市气象台预报：今年第 5 号台风“杜苏芮”已于 7 月 28 日上午在福建登陆，台风登陆后会一直北上并逐渐减弱，受其外围环流及低压影响，29-31 日我市将出现持续强降雨天气，累计降雨量 200～400 毫米，单点可超 500 毫米，最大小时降雨量 50～60 毫米，30-31 日有阵风东北风 7～8 级。
具体预报如下：
今天白天：多云间阴有雷阵雨或阵雨
偏北风 2—3 级　最高气温：33℃
今天夜间：阴有中雨，东部小雨

气象灾害风险预警服务快报
2023 年第 12 期
石家庄市气象灾害防御指挥部办公室　2023 年 7 月 28 日
7 月 29-31 日我市将有强降水
据市气象台预报：今年第 5 号台风“杜苏芮”已于 7 月 28 日上午在福建登陆，台风登陆后会一直北上，受其外围环流及低压影响，29-31 日我市将出现持续强降雨天气，累计降雨量 200～400 毫米，单点可超 500 毫米，最大小时降雨量 50～60 毫米，30-31 日有阵风东北风 7～8 级，台风“杜苏芮”登陆后，其路径和强度有很大的不确定性，且本次过程持续时间较长，累计雨量大，并伴有雷电、短时大风、短时强降水等强对流天气，致灾风险高，具有一定的极端性。
具体预报：（08 时—08 时）
今天夜间：阴有中雨，东部小雨
偏北风 3—4 级　最低气温：24℃
7 月 29 日：阴有小雨转大雨　东北风 3—4 级　28℃～24℃
7 月 30 日：阴有暴雨到大暴雨　东北风 6—7 级　27℃～24℃
7 月 31 日：阴有大雨　偏东风 3—4 级　26℃～23℃
8 月 1 日：阴有阵雨　偏南风 2—3 级　32℃～25℃
关注和建议：
（1）防范强降雨可能引发的城市内涝，西部山区山洪及地质灾害，强降雨时段部分路面或地道桥有积水，提醒交通安全。

图 6　石家庄市气象灾害防御指挥部与各部门积极联动

市气象灾害防御指挥部办公室及时启动重大气象灾害（暴雨）应急响应并适时调整响应级别，7月28日17时启动重大气象灾害（暴雨）Ⅳ级应急响应，29日10时调整Ⅲ级应急响应，11时30分升级为Ⅰ级。县级气象灾害防御指挥部发文20个，启动应急响应32次，召开会商会议26次。市、县两级气象灾害防御指挥部均第一时间通过微信群、党政办公系统等向成员单位发布雨情及预报预警信息，要求各成员单位按照职责分工，全力做好强降雨防范应对工作。

（四）强化气象信息传播和科普宣传

利用国家突发事件预警信息发布系统第一时间向重点防御单位负责人、基层气象信息员发布各类预警短信11.1万余人次，发送成功率稳定在99%。7月29日，协调移动、联通、电信三大运营商全网发布暴雨红色预警短信1536万条。依托与市委宣传部、城防办、轨道办的灾害性天气预警联动传播机制，气象预警发布后，“石家庄发布”、《石家庄日报》APP、“无线石家庄”、“燕赵名城”四大市管媒体即时响应、同步发布，各社会媒体迅速转载，城市主干道大屏、综合体大屏以及地铁站内电子显示屏等滚动播出（图7），实现大城市气象灾害预警信号的迅速广泛覆盖。与石家庄交通广播电台合作开展“雨中情”特别节目，加密连线10次。通过农村大喇叭面向全市3896个行政村发布强降雨预报信息。发挥石家庄气象新媒体优势，依托微博、微信、抖音、今日头条等新媒体平台发布相关气象服务信息及科普文章（图8）、视频102条，总阅读量415万人次。在抖音、微博、微信视频号等新媒体平台组织“直击强降雨”直播、参与“京津冀极端强降雨”联合直播，时长65小时，累计观看149.2万人次。制作应对强降雨科普视频7期，在“京津冀极端强降雨”联合直播以及石家庄交通广播、石家庄新闻广播等地方媒体平台播放，及时回应社会关切，科学引导公众知险避险。

图7　城市主干道、综合体大屏以及地铁显示屏等滚动播出预警信号

图 8　市管媒体即时响应，同步发布预警等信息

四、气象防灾减灾效益

此次天气过程气象部门预报准确，服务周密，各级政府提前决策，7 月 29 日全市及时转移受威胁群众 20656 人、加强 227 个小水库调度，提前预泄腾库，清空河道，撤离相关景区人员；动物园、嶂石岩等景区及博物院、美术馆等场馆及时关闭；“庄里球王　全城热练”摇滚音乐会等 30 余场活动取消或延期举办，中小学部分活动延期；全市城管系统 7300 人赴分包街道开展防汛，消防救援支队及时进行物资储备、开展人员调度工作。因准备充分、调度及时，石家庄市无人员伤亡。市、县气象部门获当地领导肯定 40 余人次，其中 16 个县气象服务工作获得当地党政主要领导肯定。

7 月 31 日在全市防汛调度会上，石家庄市委副书记、市长马宇骏对气象部门提前准确预报并及时预警、主动服务给予充分肯定：“在此，我们要感谢市气象局，气象服务工作非常到位，应对此次降雨过程，各项准备工作措施到位，但更重要的是气象服务非常到位，准确及时，为政府决策提供了充分的准备时间。谢谢气象局的同志们，包括气象局现场在座的同志们，还有在一线坚守的同志们，我代表市委市政府向你们表示诚挚的谢意，你们立下了汗马功劳，非常感谢！也请大家再接再厉，继续做好汛期气象服务工作。”

8 月 10 日马宇骏再次在市气象局报送的《关于 7 月 29 日—8 月 1 日强降水天气气象服务工作情况的报告》（图 9）上批示：“预警准确及时，是掌握防汛工作主动权的坚实基础。市气象局做得好！”

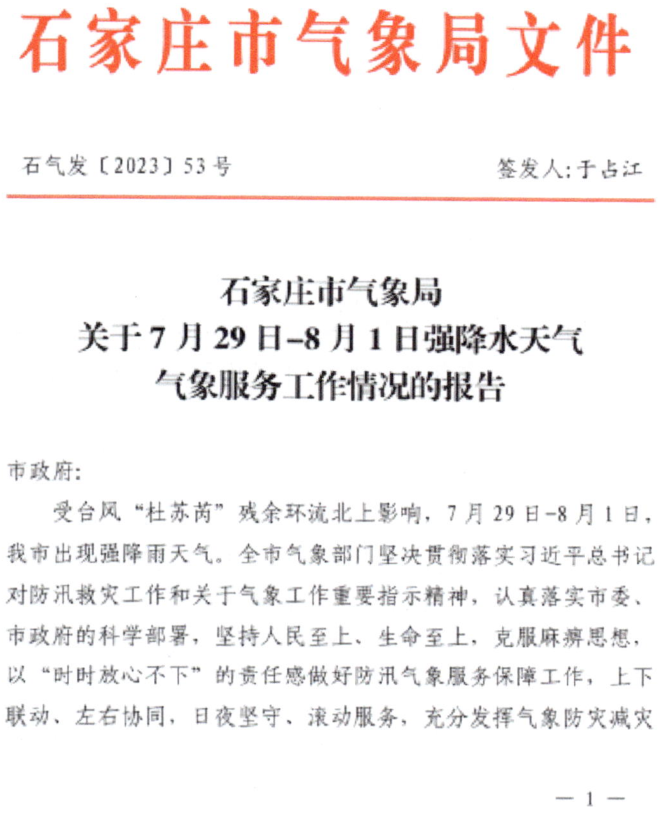
石家庄市气象局文件

石气发〔2023〕53号　　　　签发人：于占江

石家庄市气象局
关于7月29日–8月1日强降水天气
气象服务工作情况的报告

市政府：

受台风“杜苏芮”残余环流北上影响，7月29日–8月1日，我市出现强降雨天气。全市气象部门坚决贯彻落实习近平总书记对防汛救灾工作和关于气象工作重要指示精神，认真落实市委、市政府的科学部署，坚持人民至上、生命至上，克服麻痹思想，以“时时放心不下”的责任感做好防汛气象服务保障工作，上下联动、左右协同，日夜坚守、滚动服务，充分发挥气象防灾减灾

— 1 —

图9　石家庄市气象局气象服务工作情况报告（首页）

上下联动齐发力　电力抢修保支撑

山西省气象局

高　珍　孟　洁　张　晶

山西省作为我国重要的能源电力基地，在保证省内可靠供电的同时，承担着向华北、华东、华中多个省（市）的外送电任务。2023年是山西省气象灾害频发之年，也是山西电网遭受灾害影响最大的年份之一。山西省、市、县三级气象部门紧密联动，从预报、预警到点对点地开展气象服务，为电力保供提供了有力的气象支撑。

一、基本情况

山西电网是国家跨区“西电东送”“北电南送”和特高压“三交四直”输电通道汇集点，目前晋电外送省份达到22个，每年外送电量占全省发电量的1/3。由于山西特殊的地理地形和气候条件，大风、雨雪、冰冻、山火等自然灾害成为输电网络安全稳定运行的最大挑战。

2023年12月9日至15日，山西省迎来历史罕见大范围大风及冰雪天气，山西电网运城段线路结冰拉垮杆塔造成垣曲县72小时全县停电事故。山西气象部门聚焦重大天气过程，省、市、县三级联动，以精准的预报、精细的服务为电网稳定运行和应急抢修提供了气象保障。

二、监测预报情况

2023年1月至12月15日山西全省平均降水量达508.7毫米，比常年同期偏多30.6毫米。12月9日至15日，全省出现暴雪寒潮天气，日降水量最大值出现在运城市。12月10日20时前，运城市以降雨为主，20时后逐渐转雨夹雪或雪，至22时全部转雪，大部分县（市）出现中到大雪，局部地区出现暴雪，过程降水量在5.5毫米（稷山）～27.0毫米（芮城）之间，平均降水量为14.5毫米，积雪深度在1～10厘米，最大积雪深度出现在绛县、垣曲县，达到10厘米。13日20时—15日08时，运城市出现小到中雪，东部出现大到暴雪，中条山一带出现冻雨，平均4.3毫米，最大9.5毫米（绛县），最小1.2毫米（芮城）。

此次大范围雨雪寒潮天气过程中，省、市两级气象部门向社会发送大风、寒潮、大雾、道路结冰及冰雪预报预警共204次，其中大风省级7次、市级36次，寒潮省级2次、市级11次，大雾省级4次、市级31次，道路结冰省级6次、市级57次，大雪暴雪省级9次、市级41次。

三、气象服务情况

（一）提前预报，联动互动严阵以待

12月7日，山西省气象局与国网山西省电力公司开展专题会商，提供重要天气过程服

务信息并提示电力部门："12 月 9 日至 15 日我省将出现大范围雨雪降温天气，部分地区有暴雪。此次雨雪天气可能造成我省南部部分地区出现电线覆冰，提醒电力等部门加强监测、采取应对措施，提升输电线路抵御雨雪冰冻天气能力。"图 1 为山西省气象服务中心业务人员分析天气形势现场。

图 1　山西省气象服务中心业务人员分析天气形势现场

12 月 8 日，山西省气象局向省委省政府提交了《重要气象报告》，对此次全省大范围雨雪降温天气过程提出应对建议。省委书记唐登杰向全省各级各部门下达"近期我省将出现大范围雨雪降温天气提出的工作要求"。

12 月 9 日，运城市市长储祥批示：坚决贯彻唐书记工作要求，做好预案和应对措施，确保各方面安全。12 日，运城市委书记丁小强对"13—17 日新一轮雪（雨）天气大风寒潮来袭"作出重要批示：请有关部门部署安排，做好预防工作，最大限度降低可能的损失。

山西省气象部门按照气象灾害监测预报预警联动工作机制要求，与应急、水务、国土、电力等相关部门进行会商，分析研判雨雪、强降温影响，及早采取措施，将损失降到最低。同时启动"叫应服务"机制，通过电话、微信、邮箱等方式"叫应"县局、相关部门。12 月 10 日 20 时—11 日 08 时，运城市气象台点对点发布雨情公报 3 期，为各级政府及相关部门提供决策依据；值班员密切监视雨雪相态转换和降雪量级，于 10 日 21 时"叫应"万荣县局、盐湖关注上游回波及降水相态、量级并及时升级、变更预警信号，23 时 35 分"叫应"临猗县局升级暴雪橙色预警信号，在指导县气象局制作发布预警信号的同时，要求立即向县、乡责任人通报暴雪监测预报预警，提醒采取防范措施；13 日 22 时起向电力部门提供逐 3 小时精细化预报 2 期，并"叫应"垣曲县局发布电线积冰预警信号。

（二）故障发生，气象护航快速抢修

12月13日00—20时，运城市垣曲县体感有微量降水（冰雨混合物），叠加前期（9—10日）暴雪天气造成的积雪，全天地面气温<0 ℃，降至物体上易结冰，形成雨凇；13日下午闻喜县后宫乡有一处塔基倒塌，供电线路断裂；14日00时后，运城13县先后出现降水（雨、雪、霰、冻雨等多相态），中条山一带出现冻雨；14日凌晨至15日，闻喜县和垣曲县多处塔基倒塌，多条供电线路断裂，人民生产生活用电受到影响。雨凇实况和线路故障现场如图2所示。

图2　雨凇实况和线路故障现场

输电线路发生故障后，省电力运维中心与气象部门保持密集联络。省气象服务中心开展紧急气象服务保障，安排工作人员紧急提供垣曲县、夏县和闻喜县本次降雪实况和最新预报预警情况，同时紧急联系省气象台、省气象信息中心以及相关市县气象部门开展联动。在70多个小时昼夜不停的抢修过程中，省、市、县三级气象部门调集精兵强将，开展滚动式气象预报和服务，为抢修人员抓天时、提对策。“拆除倒塔、清理现场、运送塔材、竖立抱杆、组立新塔……”经过多部门联合抢修，垣曲县居民用电陆续恢复正常。

（三）强化合作，气象科技保障供应

山西省地形复杂，山地、丘陵面积约占全省总面积的80%，位于林区的输配电线路共1031条，总长8624.5千米，部分重要外送输电线路通道内易燃植被广布。山西省气象局与国网山西省电力公司有着近20年的业务合作关系。长期以来，从气象实况数据支撑到气象预报预警发送，山西省气象部门为国网山西省电力公司保障国家电力能源安全和经济社会发展发挥着重要的作用。

近年来，在极端天气气候事件高发频发的大背景下，双方进一步深化合作。2023年4月20日，山西省气象局与国网山西省电力公司签署合作协议，进一步加强双方在灾害防御领域的合作，共同提高气象灾害防御能力、应急处置能力和安全管理水平。

为确保输电线路安全运行，山西省气象部门与省电力公司联合研发《国网山西电力自然灾害监测预警服务系统》，对山西省电力线路沿线林区疑似热源监测信息，提供高温预警、雷电预警、山火等级预报、沿线地质灾害风险等级预报预警，系统上线后再未发生过因山火导致的电力线路故障。通过气象科技赋能电力日常运维，持续推进电网防护工作，让气象服务成为电力部门重要的科技支撑。

四、气象防灾减灾效益

在应对本次强雨雪降温天气过程中，省、市、县气象部门按照“早”“准”“快”“广”“实”的要求，将气象监测预报预警信息快速转化为各级政府和社会公众的防灾减灾行动力。

山西省气象服务中心、运城市气象局提前预报预警、及时开展跟踪监测和“叫应服务”，运城市减灾委员会召开恶劣天气会商研判会议，安排部署应对工作，各级政府及相关部门积极采取有效措施，称赞气象部门预报精准，应对有效，避免了对农业生产造成的不利影响。12 月 13 日，闻喜县、垣曲县多处塔基倒塌，造成供电线路断裂，人民生产生活用电受到严重影响，气象部门及时提供最新天气实况及供电线路抢修精细化专题预报，为抢修人员顺利作业提供气象服务保障。

12 月 15 日，山西省委书记唐登杰专题听取气象工作汇报时，对气象服务工作予以肯定。山西省气象部门在对国网山西电力部门的服务中，既体现出气象工作者“无所不在、无微不至”的风采，也为今后面向各行各业的专业气象服务锻炼了人才队伍、积累了宝贵经验，同时为建立全面、专业、无缝隙气象服务体系奠定了坚实基础。

精准预报助力水库险情化险为夷 精细气象服务守护群众生命财产安全

——2023年7月13日极端暴雨气象服务案例

（内蒙古自治区）兴安盟气象局

高 宇 孙荣宇 徐青竹

2023年7月13—15日，内蒙古自治区兴安盟地区出现大范围极端暴雨天气，本次降雨过程雨量大、持续时间长、影响范围广，引起社会各界高度关注。针对此次强降雨过程，兴安盟气象局发挥先导性作用，提前48小时发布重要天气报告，及时启动应急响应命令，加强三级气象部门会商联动，开展递进式气象服务，采取多种手段对外发布预报预警信息，强化政府主导，与地方7个部门联合办公，全力以赴应对极端暴雨。发挥参谋助手作用，为盟委、盟行政公署紧急处置兴安水库险情提供精准预报信息，保障了水库下游群众生命财产安全，充分发挥了气象防灾减灾第一道防线作用。

一、基本情况

（一）雨情概述

2023年7月13—15日，兴安盟境内4个气象站累积雨量超过250毫米，108个气象站累积雨量超过100毫米，过程最大降雨量（277.4毫米）出现在科右中旗五角枫景区，24小时最大雨量（237.6毫米）也出现在该站，累积雨量50毫米以上的面积占兴安盟总面积的90%。强降水主要时段为7月13日午后到14日白天，14日雨量显示（图1），暴雨以上降水区面积占兴安盟总面积的87%，其中大暴雨区面积占比近40%，是有气象记录以来强度最强、范围最广的暴雨过程；降水持续时间长，东风林场气象站连续降水时长达35小时，连续降水时长超过24小时的站点共24个；出现71站次短时强降水，最大雨强为64.7毫米/小时。

（二）灾情信息

经应急管理部门统计，此次极端暴雨天气造成全盟多个乡镇发生山洪，导致村民家中进水被困，部门城市道路积水，农田进水庄稼倒伏，受灾人口达169431人，紧急转移安置16495人，农作物、草场受灾面积为25.4万公顷（图2），灾害造成直接损失152542万元，未发生人员伤亡事件。

二、预报预警情况

（一）加密会商研判，打出预报预警提前量

提早会商研判，发挥重大天气关键作用。7月11日开始，为准确把握降雨起止时间和降雨强度，兴安盟气象局组织全体预报员进行专题会商研判，并联合自治区气象台召开4次专题会商，结合上级指导产品和本地预报指标，提前2天预报此次暴雨天气过程。

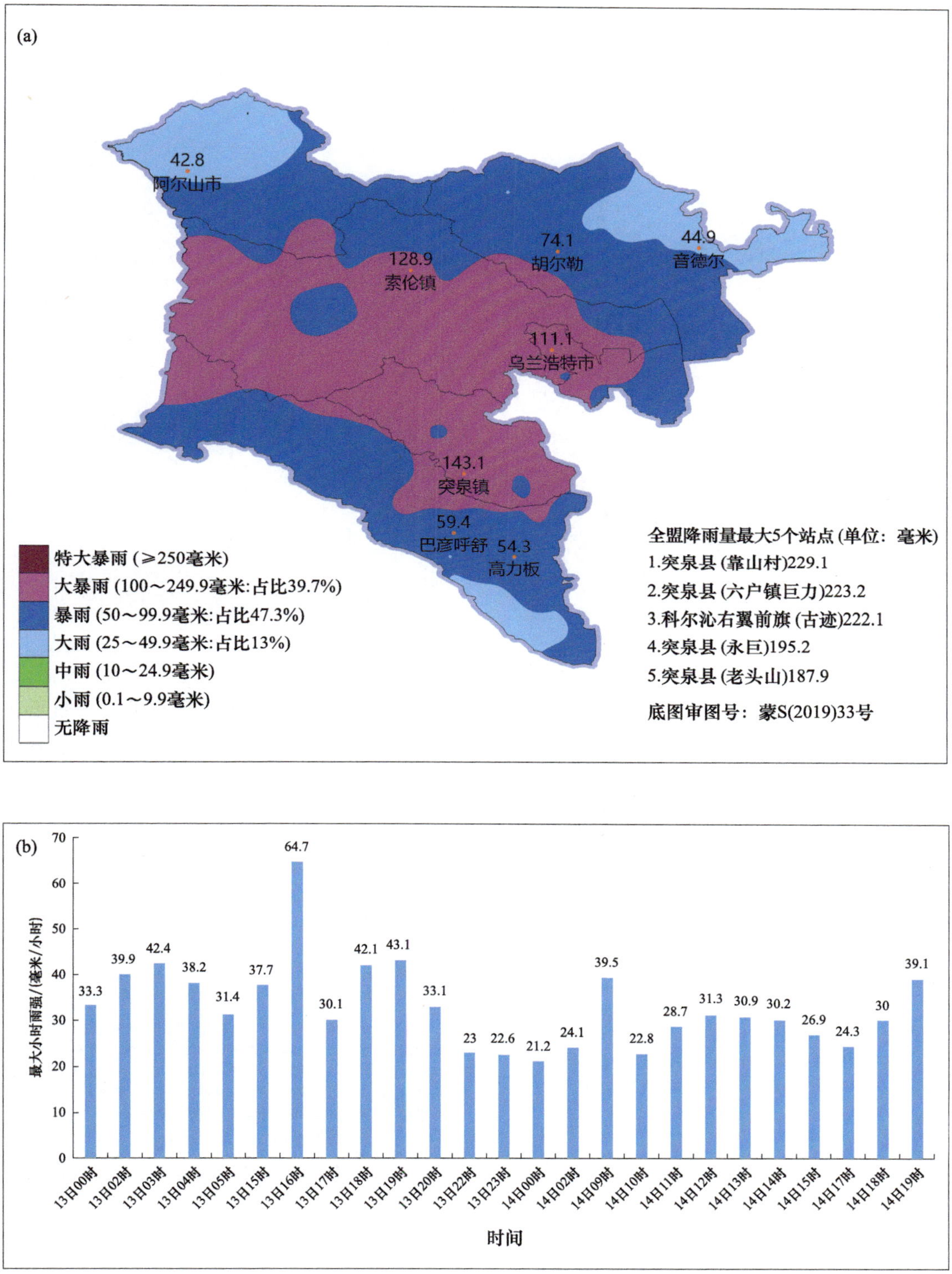

图 1　兴安盟 2023 年 7 月 13 日 20 时—14 日 20 时降水量分布（a）和最大小时雨强（b）

图 2　部分受灾情况

发布决策产品，强化气象服务及时性。向相关决策部门递交了两份暴雨天气《重要天气报告》（图 3），指出“我盟将出现大范围暴雨天气……需防范降雨叠加效应引发的暴雨洪涝等气象灾害”，重点提醒扎赉特旗和科右前旗做好暴雨天气应对服务工作。

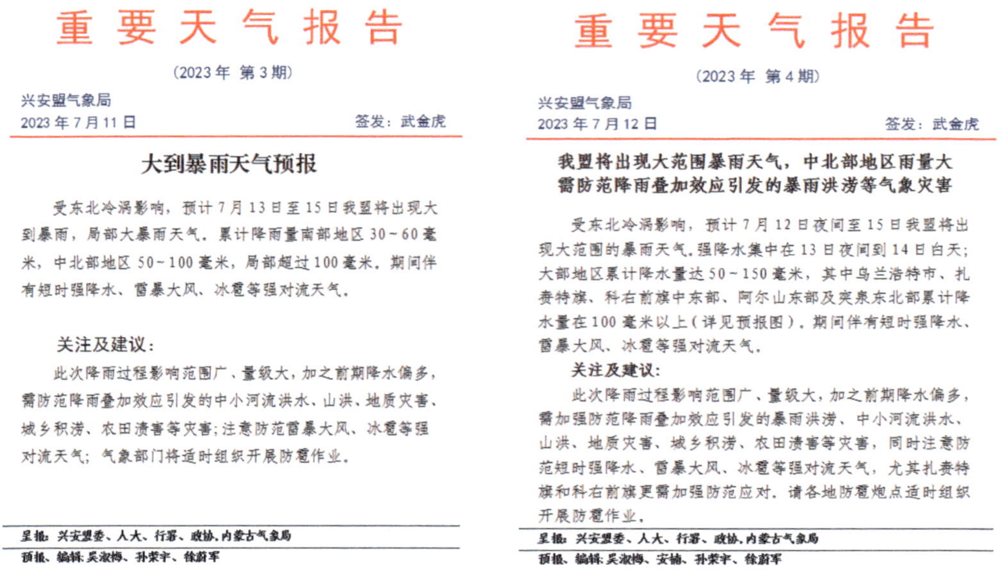

重　要　天　气　报　告

（2023 年　第 3 期）

兴安盟气象局

2023 年 7 月 11 日　　签发：武金虎

大到暴雨天气预报

受东北冷涡影响，预计 7 月 13 日至 15 日我盟将出现大到暴雨，局部大暴雨天气。累计降雨量南部地区 30～60 毫米，中北部地区 50～100 毫米，局部超过 100 毫米。期间伴有短时强降水、雷暴大风、冰雹等强对流天气。

关注及建议：

此次降雨过程影响范围广、量级大，加之前期降水偏多，需防范降雨叠加效应引发的中小河流洪水、山洪、地质灾害、城乡积涝、农田渍害等灾害；注意防范雷暴大风、冰雹等强对流天气；气象部门将适时组织开展防雹作业。

呈报：兴安盟委、人大、行署、政协、内蒙古气象局

预报、编辑：吴淑梅、孙荣宇、徐蔚军

重　要　天　气　报　告

（2023 年　第 4 期）

兴安盟气象局

2023 年 7 月 12 日　　签发：武金虎

我盟将出现大范围暴雨天气，中北部地区雨量大需防范降雨叠加效应引发的暴雨洪涝等气象灾害

受东北冷涡影响，预计 7 月 12 日夜间至 15 日我盟将出现大范围的暴雨天气。强降水集中在 13 日夜间到 14 日白天；大部地区累计降水量达 50～150 毫米，其中乌兰浩特市、扎赉特旗、科右前旗中东部、阿尔山东部及突泉东北部累计降水量在 100 毫米以上（详见预报图）。期间伴有短时强降水、雷暴大风、冰雹等强对流天气。

关注及建议：

此次降雨过程影响范围广、量级大，加之前期降水偏多，需加强防范降雨叠加效应引发的暴雨洪涝、中小河流洪水、山洪、地质灾害、城乡积涝、农田渍害等灾害，同时注意防范短时强降水、雷暴大风、冰雹等强对流天气，尤其扎赉特旗和科右前旗更需加强防范应对。请各地防雹炮点适时组织开展防雹作业。

呈报：兴安盟委、人大、行署、政协、内蒙古气象局

预报、编辑：吴淑梅、安楠、孙荣宇、徐蔚军

图 3　7 月 11—12 日发布的《重要天气报告》

滚动更新预报，逐步精细化暴雨落区。7 月 12 日下午至 14 日上午兴安盟气象台在 24～48小时短期预报服务产品中准确预报暴雨天气，13 日早间天气会商给出局地雨量将超过 250 毫米的精准预报结论。

提前发布预警，发挥气象“发令枪”作用。7 月 13 日 16 时兴安盟气象台发布暴雨蓝色预警信号，指出 13 日 20 时—14 日 08 时全盟大部地区累积雨量将达到 50 毫米以上，预警时间提前 8 小时，预警准确率达到 83%。13 日 18 时 30 分监测到杜尔基镇新艾里 3 小时累积雨量 91.5 毫米，且降水仍呈显著增加趋势，及时升级科右中旗杜尔基镇、额木庭高勒苏木等 3 个乡镇暴雨蓝色预警信号为红色预警信号，并指导科右中旗气象台及时更新暴雨预警信息。

（二）启动应急响应，落实气象防灾减灾责任

预报发布后，兴安盟气象局召开全盟强降水天气过程气象服务工作部署会议，启动重大气象灾害（暴雨）Ⅲ级、Ⅱ级应急响应命令，全盟各级气象部门均进入应急状态。13 日兴安盟人工影响天气与气象灾害防御指挥部启动了重大气象灾害（暴雨）Ⅱ级应急响应命令（图 4）。应急响应期间，全盟各级气象部门保持高度警惕，强化值班值守，密切监测暴雨天气趋势，全程做好实时监测、滚动预报、及时预警和跟踪服务等各项工作，开展重大灾害性天气“叫应”气象服务。

内蒙古自治区兴安盟气象局

兴安盟气象局关于升级重大气象灾害（暴雨）Ⅲ级应急响应为Ⅱ级应急响应的命令

编号：2023-12

过去 24 小时我盟科右前旗、科右中旗、突泉县部分乡镇已经出现 100 毫米以上降雨，预计未来 24 小时我盟大部地区降雨量仍将超过 50 毫米，为了有效防范降水造成的不利影响，切实做好重大气象灾害保障服务，经研究，兴安盟气象局决定于7 月 14 日 11 时 20 分升级重大气象灾害（暴雨）Ⅲ级应急响应为Ⅱ级应急响应命令。

根据上述情况，办公室、业务科、气象台、保障中心、各旗县市气象局从 7 月 14 日 11 时 20 分起立即进入重大气象灾害（暴雨）Ⅱ级应急响应状态。上述各单位要严格按照应急响应工作流程，密切监视天气变化，加强领导带班和应急值守工作，做好气象灾害监测、预报预警和信息报送工作，遇有重要情况及时向有关领导报告。

特此命令！

内蒙古自治区兴安盟气象局

兴安盟气象局关于启动重大气象灾害（暴雨）Ⅲ级应急响应的命令

编号：2023-11

受东北冷涡影响，预计 7 月 12 日夜间至 15 日我盟将出现大范围的暴雨天气，强降水集中在 13 日夜间到 14 日白天，并伴有短时强降水、雷暴大风、冰雹等强对流天气。为了有效防范降水造成的不利影响，切实做好重大气象灾害暴雨保障服务，经研究，兴安盟气象局决定于 7 月 12 日 18 时 00 分启动重大气象灾害（暴雨）Ⅲ级应急响应的命令。

根据上述情况，办公室、业务科、气象台、保障中心、各旗县市气象局从 7 月 12 日 18 时 00 分起立即进入重大气象灾害（暴雨）Ⅲ级应急响应状态。上述各单位要严格按照应急响应工作流程，密切监视天气变化，加强领导带班和应急值守工作，做好气象灾害监测、预报预警和信息报送工作，遇有重要情况及时向有关领导报告。

特此命令！

兴安盟人工影响天气与气象灾害防御指挥部

兴气防指发〔2023〕1 号

兴安盟人工影响天气与气象灾害防御指挥部关于启动重大气象灾害（暴雨）Ⅱ级应急响应命令的通知

各旗县市人工影响天气与气象灾害防御指挥部，兴安盟人工影响天气与气象灾害防御指挥部各成员单位：

据气象部门最新预报，预计今天夜间到明天白天扎赉特旗西部、科右前旗北部降水量将达到 150 毫米以上，乌兰浩特市周边降雨量将达到 100 毫米以上，其余地区降雨量为 50 至 100 毫米，期间伴有短时强降水、雷暴大风、冰雹等强对流天气。此次降雨过程影响范围广、量级大，加之降雨叠加效应，需加强防范暴雨洪涝、中小河流洪水、山洪、地质灾害、城乡积涝、农田渍涝等灾害。

依据《兴安盟气象灾害应急预案》，经会商研判，兴安盟人工影响天气与气象灾害防御指挥部（简称“盟气象灾害防御指挥部”）决定于 7 月 13 日 15 时 00 分启动重大气象灾害

图 4　启动应急响应命令

三、气象服务情况

（一）政府主导，强化防范工作责任落实

盟委、盟行政公署高度重视本次暴雨天气过程的防范应对工作，通过微信群第一时间对气象局发布的重要天气报告作出了指示（图 5），盟委副书记、盟长苏和指示：天气预报已经很具体、清晰了。请各地结合实际，适时启动适量级别的应急响应……盟行政公署副盟长姜天虎指示：请各旗（县、市）各部门做好防汛准备，排查风险隐患……盟防指适时启动应急预案，加强督促检查。

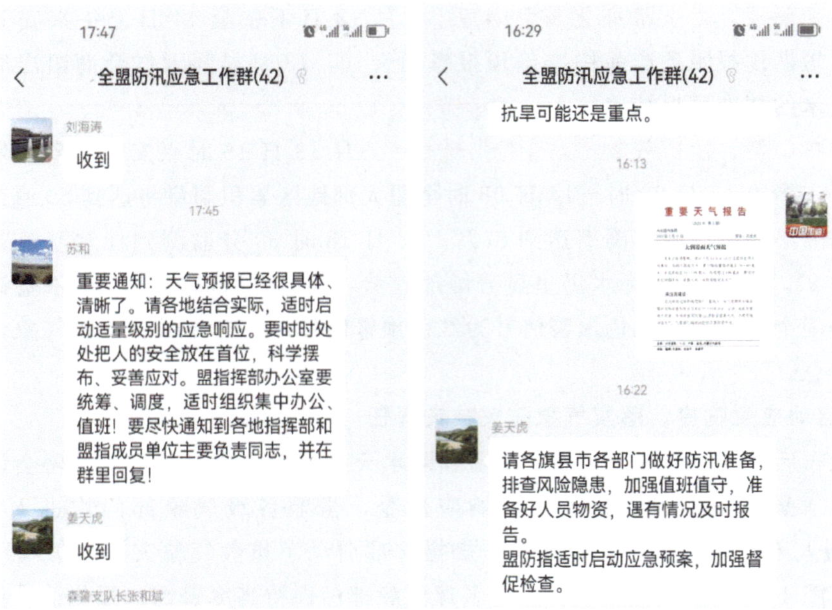

图 5　盟长苏和、副盟长姜天虎关于暴雨预报信息的指示

（二）部门联动，筑牢防暴雨安全屏障

兴安盟气象局与盟应急管理局、水务局、自然资源局、农牧业局等建立了健全的会商、信息共享等联防联动机制，在防暴雨服务中发挥了关键作用。兴安盟防汛抗旱指挥部下发了《关于做好强降雨防范应对工作的紧急通知》，并组织盟气象局、应急管理局、水利、住建等部门开展联合办公（图 6）。期间，兴安盟气象局组织与盟应急管理局、水利局、住建局、自然资源局、水文局等召开联合会商，研判天气形势发展，通报天气监测信息。全盟气象部门联合应急管理局、水利局、自然资源局等部门发布中小河流洪水、山洪和地质灾害气象风险黄色和橙色预警共 31 期，联合农牧局发布农田渍涝气象风险预警 2 期（图 7）。

图 6　联合办公期间兴安盟气象局介绍天气形势发展

中小河流洪水气象风险预警

2023 年 5 期

签发：张大伟、吴铁英、徐文龙、李振辉
制作：姬佳琪　　发布时间：2023 年 07 月 13 日 09 时

兴安盟气象局、应急管理局、水利局和兴安水文水资源分中心 2023 年 7 月 13 日 09 时升级 2023 年 7 月 13 日 05 时联合发布的中小河流洪水气象风险蓝色预警为黄色预警：预计未来 24 小时，兴安盟大部地区中小河流洪水风险较高（黄色预警，风险较高），请注意防范。

中小河流洪水黄色风险预警分布图：

山洪气象风险预警

2023 年 4 期

签发：张大伟、吴铁英、徐文龙
制作：姬佳琪　　发布时间：2023 年 07 月 13 日 09 时

兴安盟气象局、应急管理局和水利局 2023 年 7 月 13 日 09 时 00 分联合发布山洪气象风险预警：预计 07 月 13 日 09 时至 14 日 09 时，乌兰浩特市、科右前旗、突泉县、扎赉特旗、阿尔山市和科右中旗发生山洪灾害可能性较大（黄色预警），请相关部门按职责落实防御措施，社会公众注意防灾避险。

山洪黄色风险预警分布图：

地质灾害气象风险预警

2023 年 8 期

签发：张大伟、包喜　制作：姬佳琪　发布时间：2023 年 07 月 13 日 17 时

兴安盟气象局和兴安盟自然资源局 2023 年 7 月 13 日 17 时升级发布地质灾害气象风险预警：受强降水影响，预计 13 日 20 时－14 日 20 时，我盟大部地区地质灾害风险高，预报等级 2 级（橙色预警），请各相关部门按职责落实防御措施，社会公众注意防灾避险。

地质灾害橙色风险预警分布图：

图 7　兴安盟气象局联合相关部门发布的气象风险预警产品

强降水时段，兴安盟气象台逐小时向防汛抗旱指挥部电话汇报雨量实况并向决策部门提供逐小时雨量分布图。通过国家突发事件预警信息发布系统发布暴雨、大风、地质灾害、山洪等预警信息 23 条，应急联动部门接收预警短信 18262 人次。通过微信公众号、抖音平台、微博平台发布暴雨预报和实况信息 6 期。

（三）精准预报，为化解险情赢得决策时间

7 月 14 日下午，受持续降雨影响，科右前旗面雨量已经超过 100 毫米，科右前旗兴安水库突发险情，超出汛限水位 3.3 米，地方党委政府组织紧急转移水库下游 3 个村 1500 余人。险情就是命令，面对防汛抗灾指挥部是否需要采取溃坝分流泄洪措施的关键时刻，兴安盟气象局立即组织全体预报员和预报服务首席加密会商研判，确定了 20 时之后水库上游地区降水明显减弱，23 时左右降水将结束的精准预报结论，并第一时间向盟长汇报了水库上游雨情和未来天气趋势。气象部门精准及时的预报信息给防汛抗旱指挥部吃了一颗定心丸，经综合研判未采取炸坝措施，保障了水库下游群众生命财产安全。

四、气象防灾减灾效益

暴雨预报发布后，全盟迅速行动，“岭上兴安”公众号连续转载盟气象局暴雨预报信息，提醒社会公众做好防范强降水准备工作，兴安盟气象台官方微博、抖音官方账号也连续发布暴雨预报预警信息。《兴安盟防汛抗旱指挥部致广大人民群众的一封信》（图 8）火爆微信朋友圈，信中提示民众 7 月 13 日夜间至 15 日兴安盟将出现大范围暴雨天气，提醒民众增强防汛减灾意识，提高避险自救、互救技能，这封信中，附有兴安盟气象局和应急管理局、水利局、兴安水文水资源分中心等联合发布的《山洪气象风险预警》《中小河流洪水气象风险预警》等产品，让民众一目了然，提前针对即将到来的强降水天气打了一剂“强心剂”。

图 8　《兴安盟防汛抗旱指挥部致广大人民群众的一封信》“岭上兴安”公众号截图

暴雨过后，《兴安日报》、内蒙古自治区气象局官网等主要媒体对本次暴雨的预报预警服务以及防汛联动部门所采取的应急措施等进行了宣传报道（图 9），兴安盟气象局抖音官方账号下也有多名网友留言“现在的天气预报真准”，表达他们对气象部门工作的认可。

图 9　内蒙古自治区气象局官网刊登的暴雨预报服务纪实（节选）

整个降水过程，兴安盟气象台共发布雷电、暴雨、大风预警信号 10 期，其中暴雨红色、黄色、蓝色预警信号各 2 期，首次通过《兴安新闻》电视节目发布过程累积雨量实况信息。通过微信、电话等主动向交通、电力、引绰济辽工程等行业部门发布暴雨专项信息。

五、服务经验与启示

（一）完善的工作机制是做好气象防灾减灾工作的保障

本次应对极端暴雨工作，充分展现了党委领导、政府主导、部门联动、全民参与的工作机制。各旗（县、市）党委政府、各部门按照工作职责，各司其职、迅速到位、有力应对，体现出了气象防灾减灾合力效应。广大群众通过各种渠道获知重大灾害性天气信息，不断增强防范意识。气象先导作用凸显，在党委政府制定相关决策时，气象信息成为不可或缺的关键信息。

（二）气象监测能力是做好气象防灾减灾工作的基础

兴安盟气象局认真落实习近平总书记关于气象工作的重要指示精神，努力实现监测精密，把提升气象监测能力作为推进全盟气象高质量发展的重要指标。阿尔山新一代天气雷达投入业务应用，地面监测站网平均间距达到16.7千米。为发挥好气象防灾减灾第一道防线作用奠定了基础。本次暴雨发生期间，地方党政领导提出了分钟级监测数据服务的需求，实际业务中每10分钟进行信息共享，为全盟防汛抗旱指挥部安排工作提供了实时数据支撑。

（三）预报预警水平是做好气象防灾减灾工作的关键

在应对兴安水库险情时，精准的预报预警水平发挥了至关重要的作用，也体现了气象部门的关键价值。兴安盟气象局近年来全面提高预报员理论水平，加强预报员业务交流，制定了预报员上挂下派工作制度，每月组织全盟视频业务学习培训，每季度开展重大天气复盘总结。2023年获得全区预报竞赛团体三等奖，一人次获得个人全能二等奖并代表自治区气象局参加全国竞赛。强对流预警提前量达到58分钟。

（四）精细化递进式气象服务是做好气象防灾减灾工作的根本

本次暴雨气象服务过程，兴安盟气象局提早发布了重要天气报告，为盟委、盟行政公署部署工作打出提前量。组织与全盟防汛抗旱指挥部成员单位会商，互通信息。启动内部和外部暴雨气象灾害应急响应命令。加强部门内三级联动、部门外紧密配合，积极开展监测实况信息服务，多渠道、多手段发布预报预警信息。开展高级别预警信号党政负责人“叫应”，做好临灾预警服务，及时统计灾情信息并上报。开展天气过程技术分析总结和气象服务总结，切实做好复盘工作，凝练形成好经验好做法。

以实战出实效　推进龙卷业务提质增效

辽宁省气象局

薄兆海　杨　磊　谭政华　李　岚　于琳琳

2023 年辽宁多发龙卷天气。辽宁省气象部门在中国气象局的指导下，在复盘总结 6 月 1 日突发 3 个龙卷服务经验的基础上，根据《龙卷应急服务导则》，不断健全龙卷服务保障流程，并在 7 月 7 日龙卷的实战中发挥了成效，为龙卷防范应对提供了可借鉴的经验。

一、基本情况

2023 年辽宁出现 6 个龙卷。6 月 1 日阜新海州区、沈阳法库县、铁岭开原市先后突发 3 个龙卷，7 月 7 日朝阳北票市出现弱龙卷，9 月 22 日大连庄河市近海出现 2 个水龙卷。根据复盘总结“6·1”多龙卷服务经验，依据《龙卷应急服务导则》，建立健全龙卷业务流程，在应对 7 月 7 日龙卷过程中，国省市县四级联动开展“龙卷捕获行动”，提前 40 分钟预警北票龙卷，有效保障各级政府部门防范应对。

二、监测预报预警情况

针对 7 月 7 日强对流天气，辽宁省气象台（预警中心）提前 5 天作出准确趋势预报，提前 1 天预报龙卷。7 日与中央气象台早间会商中明确提出可能出现龙卷。7 日上午，派出省级移动雷达观测车，中午到达地区指定位置，开展加密观测，同时组织收集社会观测信息。7 日下午和国家气象中心强天气预报中心开展专题视频会商，共同研判北票将出现龙卷天气，随即于 14 时 14 分指导北票市气象台升级发布雷雨大风橙色预警信号并提示“可能伴有龙卷”。14 时 16 分北票预警信号发出，比龙卷出现时间提前了 44 分钟。

三、气象服务情况

开展“131631”递进式服务（提前 1 周天气预报、提前 3 天灾害性过程提醒、提前 1 天气象灾害预警、提前 6 小时启动应急响应、每 3 小时发布滚动预报和实况信息、每 1 小时加密实况信息），7 月 6 日开始，向辽宁省委、省政府和相关部门报送气象信息专报、重要天气预警报告 3 期，加密频次通报重大天气灾害信息 8 期；“提前叫应”全省 50 个市、县政府领导，“实时叫应”27 个乡镇责任人 117 次。7 日 09 时启动强对流Ⅳ级应急响应，制定“龙卷捕获行动”方案，成立龙卷服务保障工作专班联动开展气象保障。按需精准向气象灾害防御应急责任人发送预警信息手机短信 110 万人次，通过农村应急广播系统靶向发布强对流预警信息。通过“辽宁气象灾害防御信息共享”微信群、“辽宁气象”手机客户端实时向 29 个部门共享预报预警信息。联合省应急管理厅、省减灾委员会办公室、省防汛抗旱指挥部办公室等部门开展专题会商 1 次，下发防范应对通知 2 个、通报 2 期。气象首席联合风暴摄影师开展风暴追踪，通过“专家聊辽天儿”新媒体开展追风行动直播，高频次向社会公众发布预报预警及科普信息，合计在线人数 50 万人。

四、气象防灾减灾效益

（一）凝练经验，完善业务流程

辽宁气象部门复盘总结“6·1”龙卷气象服务经验和不足，依据中国气象局应急减灾与公共服务司《龙卷应急服务导则》，凝练建立了龙卷业务流程，形成了上下联动精准预警、左右联合精细服务、专班坐镇保障、“追风小队”现场追踪、省市县及时“叫应”的“龙卷捕获行动”服务策略，高效、快速防范应对龙卷等强对流天气。

（二）加强协同，成功捕获龙卷

辽宁气象部门与5个国家级业务单位互动，利用卫星、雷达、人工影响天气作业飞机、移动风廓线雷达、微雨雷达、云雷达等多种设备协同开展加密观测，通过风云卫星初生对流产品提前预判对流发展区域，结合雷达上强烈旋转的风暴小尺度涡旋和自动站地面弱冷池等特征，提前成功“捕获”北票龙卷。

（三）聚焦核心，提升预警水平

邀请国家级专家“入群”或现场指导，派省级首席到基层，省级首席24小时在线指导，预报有强对流天气并可能出现龙卷，打破地区划分，开展跨省级行政区域的联动应对，有效助力防范7月7日、8月4—5日强对流天气，提前40分钟成功预警7月7日朝阳北票龙卷。

（四）突出警示，助力人员转移

在继续发布黑山县芳山镇暴雨红色预警信号时，打破常规做法，将“7日大巴镇降水量达到75毫米，该强度降水为该站历史排名第1，且地区附近山洪（地质灾害）隐患点较多”写到预警内容中，突出了降水极端性及致灾风险预估，强化预警信号的警示作用，让各方更加注意采取果断防御措施。根据预警提示，锦州黑山县10个乡镇共转移人口45户86人。

气象部门积极应对两场明显雨雪天气防灾减灾效益显著

吉林省气象台

刘玉汐　陈长胜　纪玲玲　岳　元　宋　爽

2023年11月5日午后开始，吉林省先后迎来两场大范围雨雪和寒潮降温天气过程。本轮雨雪天气过程具有影响范围广、降水相态复杂、灾害天气种类多、极端性强、两场过程雨雪落区高度重叠等特点，多地日降水量突破历史极值。强雨雪给吉林省交通运输、煤电油运保供、秋粮储存和设施农业均带来了较为严重的不利影响。面对复杂的雨雪、寒潮降温天气，气象部门积极应对、上下联动、快速反应、高效发布，提前发布精准的预报预警信息，开展递进式气象服务，防灾减灾效益显著。

一、天气实况及特点

受高空低涡和地面南方气旋北上共同影响，2023年11月5日午后开始，吉林省出现了2023年秋冬季第一场大范围雨雪、寒潮降温和大风天气。11月7日白天至夜间，吉林省降水稍歇。随后受低空冷切变影响，8日早晨开始，吉林省大部又出现明显雨雪天气，并伴有相态转换。

（一）影响范围广、累计降水量大

11月5日12时—7日08时，全省平均降水量36.7毫米。地区分布：延边58.0毫米、辽源47.4毫米、吉林43.0毫米、通化39.7毫米、四平37.5毫米、长春37.0毫米、松原28.5毫米、长白山保护区24.0毫米、白山23.2毫米、白城8.4毫米（图1）。

11月8日07时—10日08时，全省平均降水量9.5毫米。地区分布：通化18.0毫米、长白山保护区14.6毫米、白山14.1毫米、吉林13.9毫米、辽源12.9毫米、四平10.8毫米、长春9.7毫米、延边3.6毫米、松原1.9毫米、白城0.4毫米（图2）。两轮降雪过后，吉林省大部分地区出现积雪，最大积雪深度出现在榆树，达38厘米（图3）。

（二）降水相态复杂、灾害天气种类多

11月5—6日，在极短的时间内出现了复杂的雨雪相态转换，白城出现雨夹雪或雪；延边以雨为主，延边东部部分地方出现暴雨；其他地区为中到大雨转雨夹雪或雪天气。过程中，暴雪、大暴雪、暴雨、冻雨、大风同时出现，部分地方多种灾害性天气叠加。其中，中部的扶余、榆树、德惠、舒兰、农安、长春、九台、敦化等地出现冻雨，积冰厚度为1～8毫米。此外，11月6日吉林省出现大风天气，镇赉、洮南、通榆等17个县（市）阵风超过8级，最大瞬时极大风速出现在镇赉，达23.9米/秒。同时，雨雪后气温较前期明显下降，全省大部地区最低气温普遍下降1～8℃。

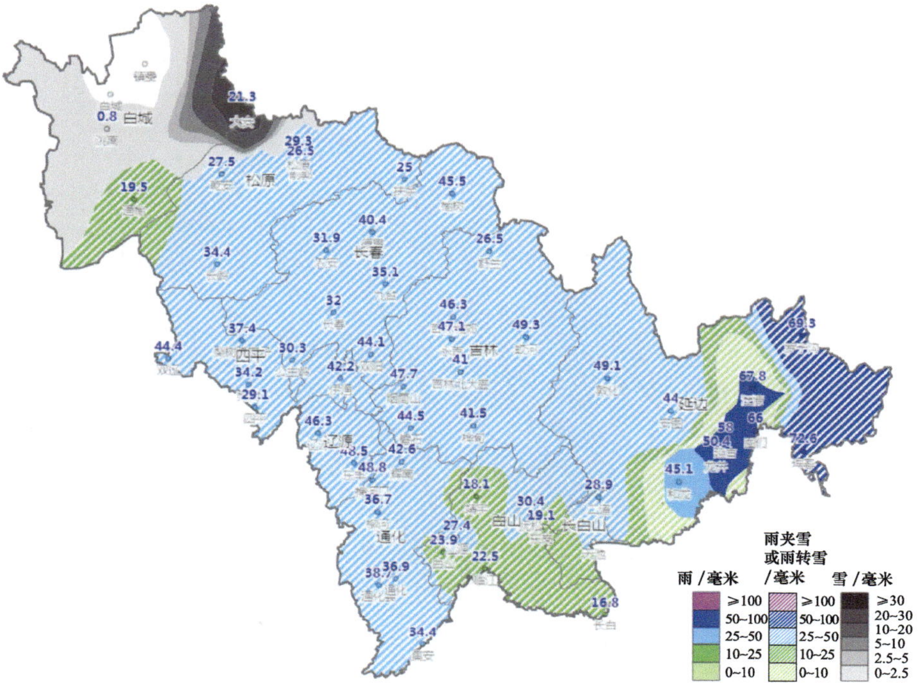

图 1　11 月 5 日 12 时—11 月 7 日 08 时降水实况图

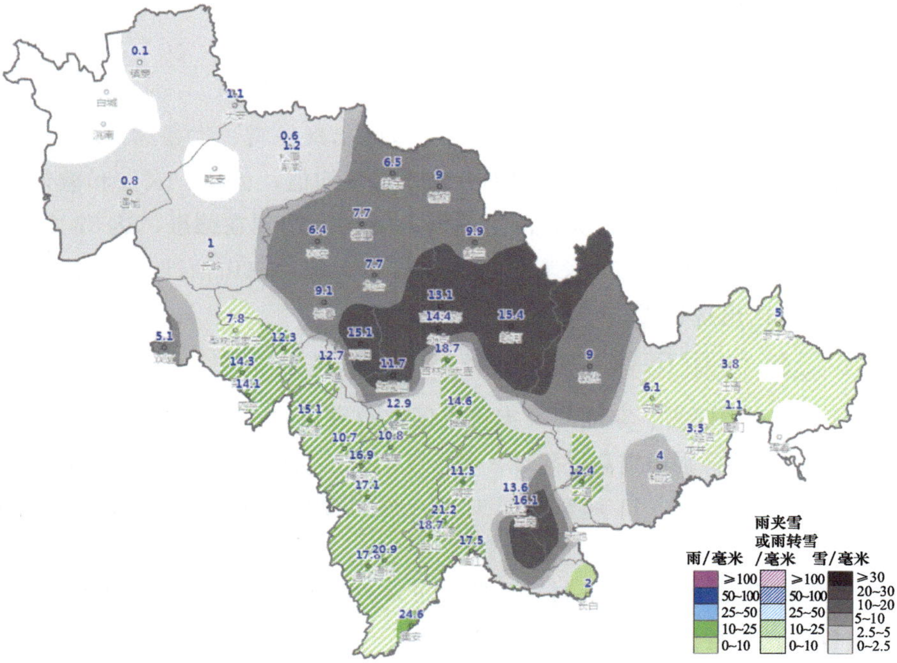

图 2　11 月 8 日 07 时—11 月 10 日 08 时降水实况图

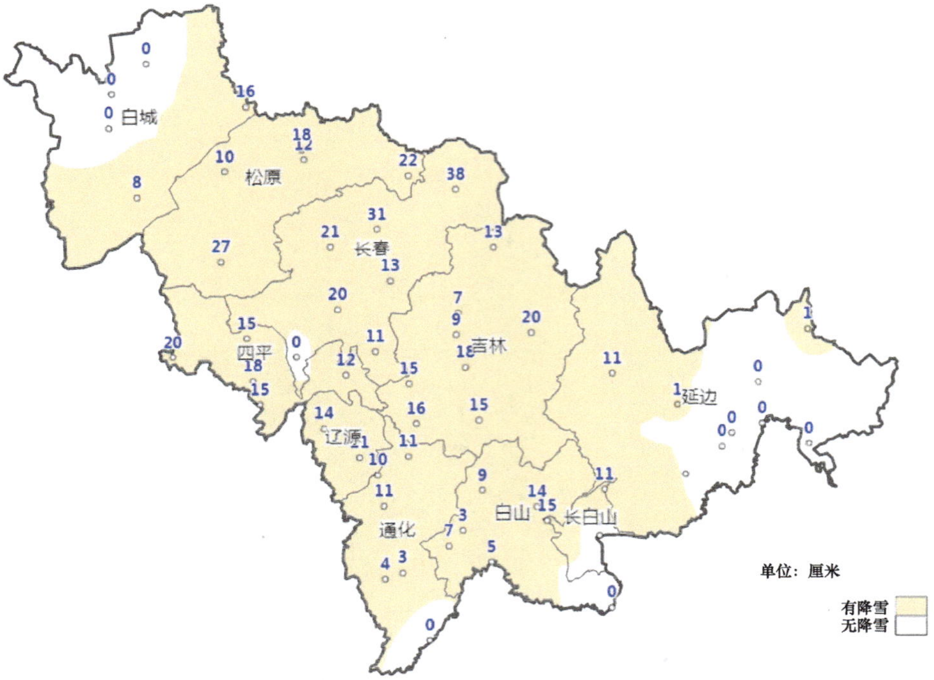

图 3　11 月 10 日 08 时积雪深度实况图

11 月 8—9 日，降水相态复杂，白城东部、松原东北部和南部、长春、四平西部、吉林大部、延边西部、长白山保护区以雪为主；四平东部、辽源、白山大部为雨或雨夹雪转雪；通化、延边东部以雨为主。过程中，大到暴雪、雨夹雪同时出现。同时，雨雪后气温较前期明显下降，全省大部地区最低气温普遍下降 1～6 ℃。

（三）雨雪强度大、极端性强

11 月 5—6 日，中西部的松原、长春、四平地区出现暴雪、大暴雪、特大暴雪，各地区的过程平均降水量均超过 11 月历史同期月降水量平均值，榆树、农安和敦化等 13 个县（市）日降水量突破历史极值，最大日降雪量（24 小时）出现在德惠，达 37.3 毫米。

11 月 8—9 日，松原东北部、长春、四平、吉林大部、白山西部、长白山保护区大部出现大雪，部分地区出现暴雪。

二、风险预估和预警“叫应”服务情况

11 月 3 日，针对强雨雪、寒潮降温灾害落区和致灾风险，吉林省气象台进行精细化研判，开展风险预估，定位强雨雪高风险区。并于 11 月 3 日发布《重要气象报告》，给出分阶段的强雨雪、寒潮降温预报。11 月 5 日 06 时 43 分发布暴雪橙色预警信号，时间提前量为 24 小时。

全面落实预警临灾“叫应”机制，预警发布后主动“叫应”相关部门。

（一）预警信息发布情况

针对本轮雨雪、降温和大风天气，全省各级气象部门利用突发事件预警信息发布系统共发布预警信息 479 条。吉林省气象台共发布预警信息 11 条（暴雪橙色预警 1 次、暴雪

黄色预警 1 次，冰冻蓝色预警 1 次，大风蓝色预警 1 次，寒潮蓝色预警 2 次、寒潮黄色预警 1 次，大雾黄色预警 1 次，森林火险气象黄色预警 3 条），各市级气象部门发布预警信息 68 条，各县级气象部门发布预警信息 400 条。此外，参加中国气象局早间会商 4 次，加密会商 2 次。

（二）“叫应”情况

全省累计开展“叫应”服务 64 轮，覆盖超 1600 人次。

1. 外部“叫应”

本轮过程针对强降雪启动外部“叫应”1 次，将预警信号发送至省政府应急值班室。

2. 内部“叫应”

本轮过程针对强降水实况开展内部“叫应”4 次，通过微信联防群“叫应”相关市级气象台，指导其发布相关预警。此外，针对本轮雨雪伴随的大风、寒潮和大雾等天气，吉林省气象台开展对下联防指导 6 次。

三、递进式气象服务开展情况

围绕大范围强雨雪、寒潮降温等天气防御关键时间点，吉林省气象台按照递进式气象服务模式，早监测、早报告、早预警，提前准备、提级预警、提档响应，建立灾害性天气递进式预报预警工作机制。在本轮强雨雪服务过程中，吉林省气象台在递进式服务模式的基础上，超前部署、超前服务，提高了气象部门与各部门的应对效率，让气象防灾减灾防线越发牢固。

（一）提前部署、精准预报强雨雪落区和复杂相态转换

针对本轮强雨雪天气过程，吉林省气象台提前组织会商研判，密切跟踪监测，全力做好预报预警和服务工作，提前 2 天正式向省委、省政府报送《重要气象报告》，对本次雨雪寒潮大风过程的强雨雪落区、起止时间、复杂的雨雪相态转换、雨雪的极端性、寒潮降温和大风影响程度等做出较为准确且精细的分阶段预报，并开展气象灾害风险预估，针对多种灾害性天气提出针对性防范建议。并于 11 月 5 日再次向省委、省政府报送《气象信息》，滚动更新分阶段的雨雪、寒潮、大风等预报信息，分析研判本轮过程多灾种并发易产生复合灾害的极端性，提醒各地注意防御多灾种并发产生的叠加效应。

针对 11 月 8—9 日雨雪过程，于 7 日又发布了《气象信息》，对强雨雪落区、起止时间、雨雪相态转换、降温、影响程度等做出较为准确且精细的预报，针对两次强雨雪落区高度重叠进行了分析研判，提醒各地需重点防范两次过程叠加带来的不利影响。

（二）滚动递进式气象服务、跟踪服务

吉林省气象局提前于 11 月 3 日发布《重要气象报告》，同日召开新闻发布会，通过全省各大媒体对雨雪过程预报进行宣传报道；启动气象公众服务节目《权威发布》；通过官方微博微信头条等滚动对雨雪寒潮大风天气实况及预报进行发布。于 11 月 5 日滚动更新预报，发布《气象信息》，同时，认真落实省领导同志重要批示精神，于

5 日 07 时启动重大气象灾害（暴雪、寒潮）Ⅲ级应急响应，各级气象部门即刻进入应急值班值守状态；5 日 09 时省人工影响天气和气象灾害防御指挥部发出风险提示信息；5 日 13 时吉林省应对冰冻灾害指挥部启动吉林省暴雪冰冻灾害Ⅳ级应急响应。雨雪天气过程开始后，滚动发布气象实况及预报信息 14 期。针对 8—9 日雨雪过程，于 7 日又发布了《气象信息》，对雨雪寒潮天气开展递进式、精细化、不间断决策气象服务。

相关信息和预警及时呈报省委省政府主要领导和相关部门，并通过微博、微信公众号等媒体及时推送给公众。同时，发挥专家解读作用，省气象台台长、副台长分别针对本次天气过程进行了详细分析，有效降低了灾害风险。

（三）滚动递进式预警预报、持续为各级党委政府提供精细化服务

吉林省气象台提前 24 小时发布暴雪橙色预警信号，针对暴雪、冻雨和大风的分布特征，发布暴雪橙色预警信号，对致灾风险区进行落区预报，突出防御重点。之后陆续提前发布暴雪、寒潮、大风、冰冻等各类预警，及时开展对下联防指导。同时，根据雨雪情况，滚动更新雨雪实况和预报信息并呈报省委、省政府和相关部门；逐 2 小时滚动更新实况和预报信息呈报军区，实现点对点精准的精细化服务，滚动精细的定量化预报为各部门及时调整防御措施提供了科学依据，为防灾减灾提供支撑。

（四）精细化服务、提前进行气象灾害风险预估

针对本轮强雨雪、寒潮降温过程，吉林省气象台提前 2 天准确预报，提前进行气象灾害风险预估，精细化分析研判强雨雪落区和致灾风险对各行业的影响，通过天气会商等及时向相关部门通报此次雨雪趋势预报和实况情况，预报强雨雪将给吉林省带来 5—6 日和 8—9 日共 4 天的强雨雪和寒潮降温天气。全面落实预警临灾“叫应”机制，预警发布后主动“叫应”应急和各相关部门，吉林省应对冰冻灾害指挥部办公室根据气象预报提前部署，指导各地、各部门做好防御工作。

四、气象部门积极应对，防灾减灾效益显著

针对本轮强雨雪、寒潮降温天气，吉林省气象台积极应对、预报精准、预警信息服务及时。预报服务保障有力，加强部门联动，针对重要点位强化会商研判，持续关注雨雪实况和次生灾害的叠加影响，针对重点行业提供精细化气象服务。本轮雨雪过程高质量的气象服务得到省委、省政府领导的充分肯定，共获得省领导批示 10 次，其中省委书记景俊海、省长胡玉亭直接批示 4 次。

2023 年 8 月 2 日至 4 日大暴雨气象服务

（黑龙江省）哈尔滨市气象局

张少锋　赵广娜　刘宇飞　曹　蕾　杜　静

2023 年 8 月 2—4 日，受 5 号台风“杜苏芮”残余水汽北上和副高后部切变共同影响，2 日凌晨至 4 日，哈尔滨市出现极端大暴雨天气。本次过程具有累计降水量大、降水持续时间长、极端性强等特点。

一、基本情况

（一）天气实况

1. 累计雨量大

本次降水过程中，五常、尚志、双城、阿城、延寿等 5 个县（区、市）及主城区出现区域性大暴雨，全市有 7 个乡镇站点降水量超过 300 毫米（集中在五常），34 个站降水量超过 250 毫米，316 个站降水量在 100～249.9 毫米，218 个站降水量在 50～99.9 毫米（图 1）。

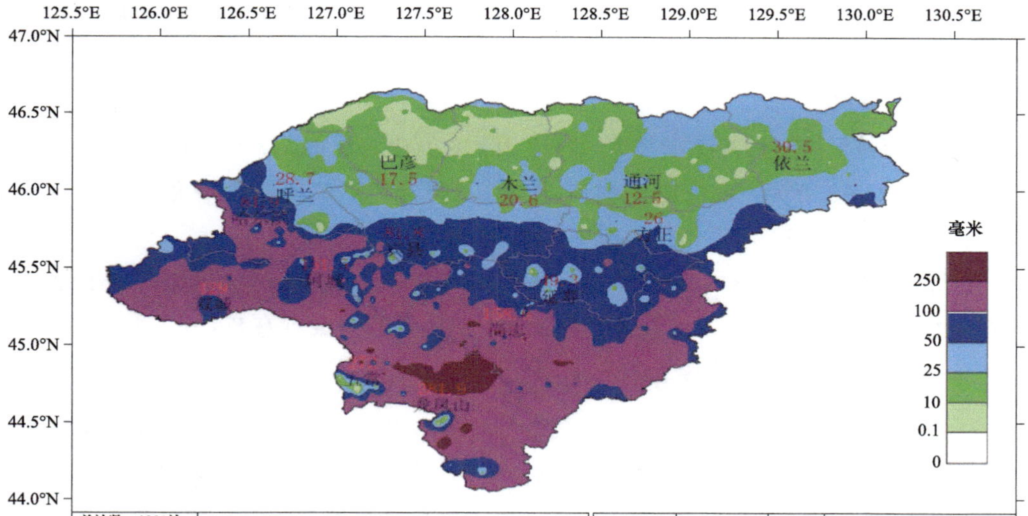

总站数：1091站	
无降雨：5站	
有降雨：1086站	
50～100：224站	
≥100：363站	
市平均：80.7 毫米	
国平均：95.8 毫米	

降水量最大前10站（单位：毫米）

1. 五常国庆村	350	6. 五常新立屯	309.5
2. 五常朝阳村	337.4	7. 五常奋斗林场	304.4
3. 五常治安堡	328	8. 尚志珍珠山	290.6
4. 五常前三家子	322.5	9. 五常小五屯	290.5
5. 五常大罗屯	320.6	10. 五常一棵松	286.5

雨强	站名	量值	时间段
1小时最大	五常治安堡	106	8月3日18时–8月3日19时
3小时最大	阿城闫家围子	183	8月2日12时–8月2日15时
6小时最大	阿城闫家围子	233	8月2日09时–8月2日15时

图 1　2023 年 8 月 1 日 20 时—5 日 08 时哈尔滨市降水量分布

2. 持续时间长

降雨从 8 月 2 日 02 时自南部县（市）开始，至 5 日 08 时结束，降水过程共计 78 小时。其中尚志石头河子站降水持续 69 小时，一面坡、鱼池、亚布力、苇河志成、珍珠山等站点降水持续近 60 小时；五常冲河、长山、向阳等站点记录到近 50 小时的连续性降水。2 日白天至 3 日夜间为降雨集中时段。

3. 极端性强

本次过程表现为单日降水量、过程累计降水量均超过历史极值。

（1）单日降水量突破历史极值：龙凤山国家站（即大气成分本底国家野外科学观测研究站）8 月 3 日降水量（171.4 毫米）突破有记录以来单日降水量历史极值（112.8 毫米）；五常国家站8 月 2日降水量（101.7 毫米）、3 日降水量（145.3 毫米）连续两天突破 1981 年以来单日降水量历史极值（89.1 毫米）。

（2）过程降水量突破历史极值：龙凤山（281.9 毫米）、五常（272 毫米）、尚志（158. 毫米）、阿城（151.5 毫米）、双城（129 毫米）5 个国家站过程降水量突破 1961 年以来历史同期极值，其中龙凤山、五常国家站突破 1961 年以来 8 月上旬旬降水量历史极值；龙凤山国家站突破有观测记录以来 8 月月降水量历史极值。此外，五常、尚志境内共 22 个自动站过程降水量超过 200 毫米。

本次过程（8 月 2—4 日）全市（国家站）平均降水量 95.8 毫米，超过 8 月上旬常年旬平均降水量 86.4%。

4. 空间分布不均

本轮强降雨呈现南多北少，降雨中心主要集中在中南部拉林河流域，100 毫米以上降雨集中于主城区、双城、五常、尚志、阿城，其中 250 毫米以上降雨集中分布于五常、尚志；北部的呼兰、巴彦、木兰、通河、依兰降水量基本在 50 毫米以下。

（二）受灾情况

全市因灾直接经济损失共计 521 258.884 2 万元，其中农业损失 259 899.754 2 万元，基础设施损失 194 723.73 万元，家庭财产损失 24 881.3 万元，工矿商贸业损失 29 512.09 万元，公共服务损失 11 726.62 万元，其他损失 515.39 万元。

全市农作物受灾面积 3 845 136.75 亩[①]、成灾面积 3 102 681 亩、绝产面积 1 764 930.6 亩，水产养殖受灾面积 39 609.6 亩。牲畜死亡 124 567 头，其中大牲畜死亡 27 头。

二、预报预警服务情况

针对此次大暴雨天气过程，哈尔滨市气象台提前研判，密切跟踪，共发布《重大气象信息专报》1 期、《气象信息专报》2 期、《气象信息快报》36 期、《专题气象信息》7 期、暴雨红色预警信号 8 次、暴雨橙色预警信号 4 次、暴雨黄色预警信号 3 次、暴雨蓝色预警信号 1 次、橙色地质灾害气象风险预警 1 期、橙色中小河流洪水气象风险预警 1 期、橙色山洪灾害气象风险预警 1 期、红色地质灾害气象风险预警 1 期、红色中小河流洪水气象风险预警 1 期、红色山洪灾害气象风险预警 1 期。指导所辖区（县、市）气象局发布预警信号 80 余次。

（一）开展“53110”递进式服务

“53110”递进式服务：“5”即重大灾害性天气来临前，提前 5 天以上发布《天气提示》

---

① 1 亩＝1/15 公顷≈666.67 平方米，下同。

等，明确天气趋势、影响时间和范围、灾害影响预估。“3”即提前 3 天发布《重大气象信息专报》《气象信息专报》等，细化天气过程持续时间、主要时段、天气落区、明确天气过程持续期间降水、风力等气象要素的量级。“1”即提前 1 天滚动发布《重大天气预警报告》《天气预警报告》或《气象灾害预警信号》，明确灾害性天气种类、落区、量级、强度和主要影响时段，空间精细到区、县并提供风险提示。“1”即提前 1 小时以上发布《短时临近预报》《气象预警信号》，精细到社区、乡镇。“0”即灾害天气发生期间，实时跟踪监测，根据天气形势随时滚动更新气象预警信号，根据应急指挥需求随时提供风情雨情等《气象信息快报》。

哈尔滨市气象台提前 3 天，于 7 月 31 日发布《气象信息专报》，预报“8 月 2—4 日有大雨和暴雨天气”，指出 2 日和 3 日五常、尚志日降水量可能达到或超过日降水量历史极值。

提前 1 天，于 8 月 1 日根据最新天气形势，发布《重大气象信息专报》，预报“8 月 1 日夜间至 4 日我市有暴雨天气，东南部局地累积雨量将达 200～280 毫米”。8 月 1 日 13 时 30 分哈尔滨市气象灾害应急指挥部启动气象灾害（暴雨）Ⅲ级应急响应命令，8 月 3 日 09 时 30 分，提升为气象灾害（暴雨）Ⅱ级应急响应命令。

启动气象灾害（暴雨）Ⅱ级应急响应命令期间，哈尔滨市气象台成立暴雨应急服务工作专班，加密信息报送，每 2 小时发布一期《气象信息快报》。滚动提供五常、尚志、延寿等受灾严重区域的逐小时天气预报。2023 年 8 月 2—4 日台风“杜苏芮”极端降水递进式服务情况如图 2 所示。

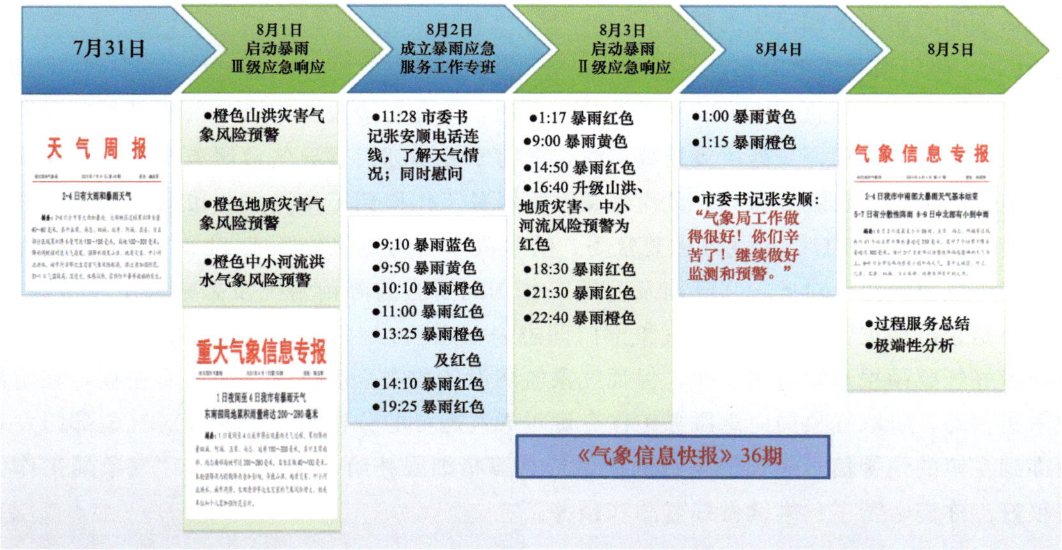

图 2　2023 年 8 月 2—4 日台风“杜苏芮”极端降水递进式服务情况

（二）广泛发布预报预警，加强灾害防御联动

针对此次大暴雨过程，气象部门高度关注并密切监测，加强部门联动。

8 月 1—4 日，参加黑龙江省、哈尔滨市防汛抗旱指挥部召开的 4 次防汛调度会；参加市住建局组织的应对暴雨天气排水防涝工作紧急调度会议 1 次；参加市委书记张安顺组织的强降水应对调度会商会议3次。

8月1日，哈尔滨市气象台与市防办、水务局联合发布橙色山洪灾害气象风险预警及橙色中小河流洪水气象风险预警；与市自然资源和规划局联合发布橙色地质灾害气象风险预警。8月3日，均升级为红色。

8月2日起，哈尔滨市气象局成立暴雨应急服务工作专班，在哈尔滨市应急指挥中心现场办公，实时提供天气实况与预报预警信息。

（三）多渠道快速准确发布

所有的预报预警信息及雨情信息，第一时间通过电子信箱、微信等渠道发送给市委、市政府总值班室、主要领导及市气象灾害应急指挥部各成员单位，“叫应”服务应急、防汛等相关部门。此外，还通过短信平台、微信群、微信公众号、云MAS平台、电子显示屏等多种渠道，向10余家新闻媒体、气象灾害应急责任人、防汛责任人及公众广泛发布预报预警信息，与哈尔滨交通广播直播连线3次。通过《新晚报》、极光新闻、冰城plus、《哈尔滨日报》等官方媒体进行应对暴雨、防灾避险相关内容的专家解读和科普宣传。

三、经验启示

（一）递进式服务有效有序

在重大过程开始前尽量早地进行提醒，给政府相关部门争取尽量多的时间进行部署防范。在降雨集中的时段逐小时滚动提供最新降雨实况和未来降雨预报，通过微信群将最新气象信息同步上传市领导防汛调度等相关微信群，避免出现之前降雨时众多内外单位不停打电话询问降雨实况和预报的情况。

（二）部门联动成效突出

加强与市政、应急、电力、交通等部门联动，主动对接服务需求，气象局在过程期间派驻人员常驻应急局，身处决策指挥一线，随时掌握各部门领导气象服务需求，积极主动滚动提供精细化气象服务信息。此次气象预报服务工作得到了市党委、市政府和相关部门的高度肯定。8月2日，黑龙江省委常委、哈尔滨市委书记张安顺于11时28分电话连线哈尔滨市气象台，针对此轮强降雨及防汛工作询问了当前降雨情况及未来降雨发展趋势，并关心是否出现灾情。同时，对气象部门同志表示慰问：“气象部门同志们辛苦了！希望大家做好气象预报预警监测工作，保证气象监测设备的安全运行。”8月3日午夜，在防汛应急指挥部，听取气象局应急服务工作专班对天气趋势的分析后，张安顺对气象部门发布精准到乡镇的预警信号和加密发布的雨情信息等精细服务给出高度评价：“气象局工作做得很好！你们辛苦了！继续做好监测和预警。”

战高温 健康气象服务保民生

上海市气象局

常炉予 叶晓芳 彭 丽 杨丹丹 杨丝絮 张雪霏

顾松强 徐 菁 金 玲 张瑞怡

2023 年夏初，全国多地出现区域性极端高温天气，政府部门和社会公众高度关注盛夏极端高温天气对城市运行、市民健康的威胁。上海市气象局认真贯彻习近平总书记关于气象工作重要指示精神，认真落实中国气象局关于做好高温天气服务的工作要求，因地制宜，因灾施策，面向政府部门、重点行业和社会公众，提前打出高温中暑风险预报服务“组合拳”，全力保障民生，将主题教育亮点成果体现到高温中暑服务保障的实际成效上。

一、基本情况

2023 年夏初，北京、天津等北方地区陆续出现了极端高温天气，江南、华南地区出现历史同期最强的高温天气，对城市运行、市民健康造成了严重威胁，受到了政府部门和社会公众的广泛关注。上海市气象局及时部署，印发《上海市气象局办公室关于做好高温天气服务工作的通知》（沪气办函〔2023〕15 号）指导文件，面向政府部门、重点行业和社会公众开展了形式多样的高温中暑风险预报服务，取得了良好成效。

6 月下旬，上海市气象局向上海市委市政府呈报高温中暑决策服务专报，揭示了连续性高温、复合型高温是触发上海热射病的关键天气并提出工作建议，得到市领导的充分肯定和批示。“出梅”当日，策划发布高温中暑专题系列科普短视频，及时指导公众出行和健康防护。高温期间，向市卫健委、市民政局等行业管理部门提供了多样化的高温中暑预报服务产品，并联合浦东新区陆家嘴城运中心共建“中暑风险识别－平台自动派单－网格员上门服务”的数字化业务流程，切实提升基层为老服务能级。

二、监测预报预警情况

2023 年，上海市的夏季平均气温为 28.3 ℃，较常年同期偏高 0.8 ℃，出现了 20 个日最高气温≥35 ℃的高温天气，其中极端气温达到 38.7 ℃。2023 年 5 月 29 日，徐家汇站最高气温冲上 36.7 ℃，打破了 150 年来上海市的 5 月最高气温纪录。上海中心气象台共发布及更新高温预警信号 26 次，包括橙色预警信号 6 次和黄色预警信号 20 次。

三、气象服务情况

（一）强化科研成果转化，支撑党委政府提前决策部署

依托上海市气象与健康重点实验室，联合徐汇区疾病预防控制中心和浦东新区疾病预防控制中心研究总结过去十年上海高温天气人群中暑特征。出梅前，向上海市委市政府呈送决策服务专报《近十年本市高温中暑特征分析及应对措施的报告》（沪气发〔2023〕25

号）。该报告详细总结了 2013—2022 年上海市高温天气演变规律及高温促发中暑的发病特点和人群特征，科学揭示连续性高温、复合型高温是触发上海热射病的关键天气，提出本市高温健康风险服务具体措施建议，得到市领导的高度重视和充分肯定，在“健康上海”建设中发挥气象防灾减灾第一道防线作用。

（二）深化多样化产品应用，助力行业和基层管理部门应对

依托“陆家嘴城市气象数字孪生建设”工程，推动高温中暑风险等级预报产品融入陆家嘴城运中心一网统管平台（图 1）。2023 年夏季高温期间，通过“中暑风险识别一平台自动派单一网格员上门服务”的数字化业务流程，实现每天根据天气变化发布风险等级提醒老年人采取相应防暑措施，累积服务陆家嘴街道居民 10 万余人次，助力社区等基层管理单元有效提升高温天气为老服务效能。抓住短期气象灾害风险预估新业务建设契机，研制全市街镇尺度的高温中暑风险精细化地图产品，助力市卫生部门开展全市高温中暑救治。推动针对老年人群的中暑风险等级预报产品上线“上海市养老服务平台”，助力市民政部门做好夏季高龄独居老人安全保障和老年活动场所管理。

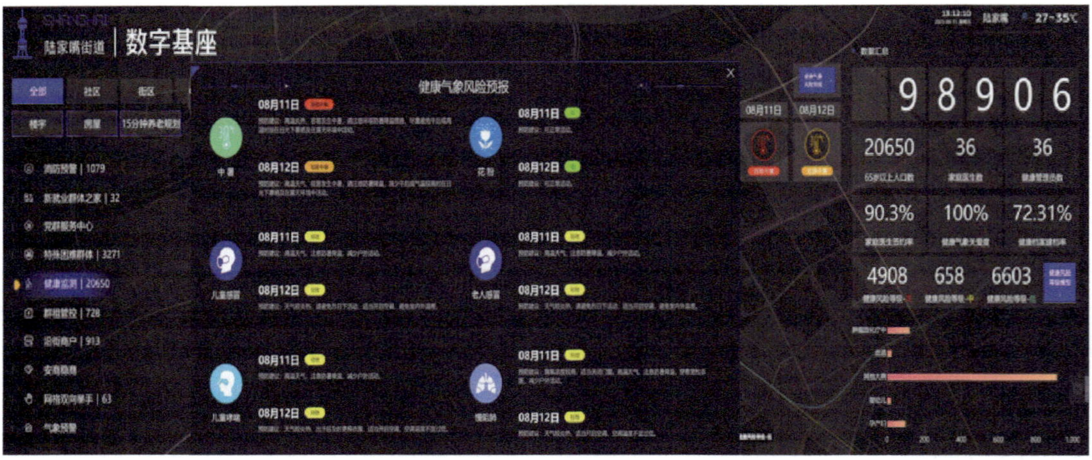

图 1　高温中暑风险预报接入陆家嘴城运中心数字基座

（三）优化高温中暑科普，为公众提供贴心易懂的服务

抓住“出梅”关键期，策划制作高温中暑专题科普短视频“上海地区两类易被忽视的中暑高风险天气”和“‘沸腾时代’，大城市如何防暑?”，内容创新融入上海市气象与健康重点实验室关于触发上海市民热射病的两类关键天气最新研究成果，在“上海市天气”微博、“上海天气发布”公众号和视频号投放，累计播放量 11 万多次，同时视频被“上海发布”、郊区、街道、基层居委官方微博和公众号转发。

四、气象防灾减灾效益

（一）科研成果转化有力支撑党委政府提前决策部署

有效转化上海市气象与健康重点实验室最新研究成果，提前向市领导呈送《近十年本市高温中暑特征分析及应对措施的报告》，得到市领导的充分肯定（图 2）。其中，分管卫生工作的华源副市长批示要求市卫健委做好对全市医疗机构中暑救治的指导工作。市卫健委主动对接高温中暑风险预报服务，上海市气象局向市卫健委推送了未来三天上海市街镇尺度的高温中暑风险精细化预报服务产品，助力市卫健委指导全市高温中暑救治。

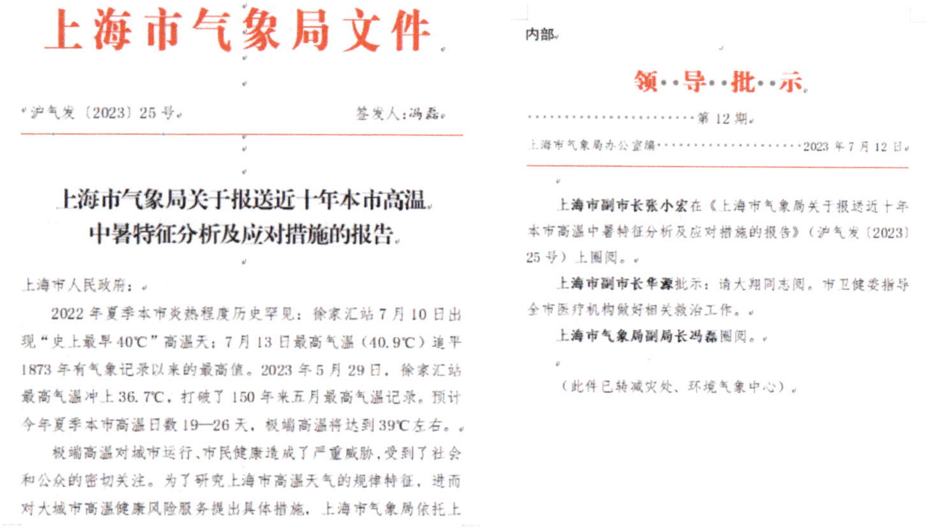

上海市气象局文件

沪气发〔2023〕25号　　签发人：冯磊

上海市气象局关于报送近十年本市高温中暑特征分析及应对措施的报告

上海市人民政府：

2022年夏季本市炎热程度历史罕见：徐家汇站7月10日出现“史上最早40℃”高温天；7月13日最高气温（40.9℃）追平1873年有气象记录以来的最高值。2023年5月29日，徐家汇站最高气温冲上36.7℃，打破了150年来五月最高气温记录。预计今年夏季本市高温日数19—26天，极端高温将达到39℃左右。

极端高温对城市运行、市民健康造成了严重威胁，受到了社会和公众的密切关注。为了研究上海市高温天气的规律特征，进而对大城市高温健康风险服务提出具体措施，上海市气象局依托上

内部

领导批示

第12期

上海市气象局办公室编　　2023年7月12日

上海市副市长张小宏在《上海市气象局关于报送近十年本市高温中暑特征分析及应对措施的报告》（沪气发〔2023〕25号）上圈阅。

上海市副市长华源批示：请大翔同志阅。市卫健委指导全市医疗机构做好相关救治工作。

上海市气象局副局长冯磊圈阅。

（此件已转减灾处、环境气象中心）

图2　决策服务专报首页和上海市主要领导批示

（二）跨部门深融合切实提升基层民生服务能级

联合浦东新区陆家嘴城运中心共建“中暑风险识别—平台自动派单—网格员上门服务”数字化业务流程，切实提升了基层民生服务能级。2023年夏季相关服务工作被浦东电视台、“浦东发布”公众号、《中国气象报》等多家主流媒体报道。在一次回访中，陆家嘴城运中心相关领导充分肯定融入式健康气象风险服务方式，认为非常契合“大城养老”浦东样板建设需求，且据浦东陆家嘴街道某居民区党总支书记反馈，根据气象健康风险提示，对专职网格员和结对志愿者进行任务派单更有针对性，解决了过去线下走访散而多的难题。

提前预警 市县联动 直通“叫应”
有效有力防范龙卷灾害

（江苏省）盐城市气象局

周宏伟 王 群 邝珠江 周文君 高 雅 盛 也 陈晓明 陈 洋

受高空槽、副热带高压和地面气旋共同影响，2023 年 9 月 19 日傍晚至 20 日凌晨，江苏省盐城市出现强雷电、短时强降水和 8～10 级、局地 12～14 级的雷暴大风等大范围强对流天气，阜宁县、建湖县先后遭受 EF3 级和 EF1 级龙卷袭击，造成一定人员伤亡和财产损失。针对此次强对流天气过程，盐城市、县两级气象部门切实发挥“主动、互动、联动”工作机制，通过递进式预报、渐进式预警、跟进式服务，尽最大努力夯实气象防灾减灾各项工作。

一、基本情况

降水强度强：9 月 19 日下午至 20 日上午，盐城市中北部出现暴雨到大暴雨，南部地区中到大雨、局部暴雨（图 1），全市累积降水量 50 毫米以上站点 134 个，100 毫米以上 68 个，最大为 236.7 毫米（阜宁县沟墩镇），最大雨强为 91.6 毫米/小时（19 日 21—22 时，阜宁县陈良镇）。**影响风力大：**全市 8 级以上阵风站点 39 个，其中阜宁县板湖镇出现 10 级以上大风（25.9 米/秒），滨海县滨海港镇振东村、建湖县宝塔镇裴桥村 2 个站点风力达到 12 级以上（32.7 米/秒、36 米/秒），阜宁县芦蒲镇童营村最大风力达到 14 级（41.8 米/秒）。**有龙卷发生：**19 日 20 时 30 分左右，阜宁县芦蒲镇童营村、长北居委会、沿河村、板湖镇三鑫村和板湖居委会出现 EF3 级强龙卷；21 时 33 分左右，建湖县宝塔镇出现 EF1 级龙卷。

图 1 2023 年 9 月 19 日盐城受灾情况

受其影响，全市 4690 人受灾，5 人死亡（阜宁县板湖镇 3 人、芦蒲镇 2 人），4 人受伤（阜宁县芦蒲镇），紧急避险转移 184 人，倒塌房屋 3 间，严重损坏房屋 698 间，一般损坏房屋 2009 间，农作物受灾面积 284.27 公顷，直接经济损失 2285.452 万元。

二、监测预报预警情况

提前研判、密切监测：市气象台最早于 9 月 18 日市县早间天气会商中，指出有局地龙卷发生可能，并在当天 16—17 时，先后发布强对流、暴雨、大风、海区大风等多个预警。其后，利用江苏强对流天气监测预警平台（SWATCH2.0），严密监视上游对流回波发展动向（图 2），及时发现 9 月 19 日 17 时 20 分左右宿迁市境内已出现龙卷，18 时左右连云港、淮安市境内出现 TVS 和中气旋报警。

图 2　盐城市气象台值班人员严密监测强对流天气

加强指导、联防联动：盐城市气象台指导相关县局及时发布雷暴大风预警信号，提前 53～61 分钟预警阜宁、建湖龙卷。在 9 月 19 日 19 时 28 分致电阜宁县气象局，指导其在 19 时 37 分发出雷暴大风橙色预警信号，提前 53 分钟准确预报局地龙卷发生，20 时 23 分阜宁县出现实况 14 级大风。在 19 日 20 时 27 分又致电建湖县气象局，指导其提前 61 分钟发出预警信号，准确预报局地龙卷发生，21 时 33 分建湖县出现实况 12 级大风。

三、气象服务情况

（一）递进式服务支撑防灾决策部署

灾前：提前 2 天发布《重要天气报告》，9 月 17—18 日累计向市委主要领导呈送决策服务材料 3 期，提醒关注 19—20 日强风雨和可能伴有的局地强雷电、短时强降水和雷暴大风等强对流天气；市气象台提前 1 天齐发四预警（强对流、暴雨、大风和海区大风），为江苏省唯一一家发布强对流蓝色预警的单位。

临灾：9月18日17时10分，盐城市气象局启动暴雨和强对流Ⅳ级应急响应，提前1小时组织市、县加密会商，指导阜宁、建湖等县局发布雷暴大风橙色预警信号，在预警信号中提及局地龙卷。预警信号发布后，阜宁县局通过电话、微信和阜宁安全生产工作群，“叫应”县委书记、县长、常务副县长和分管副县长，提醒防范，并在全县安全生产群中发布省、市电话提醒内容，引起县各级领导高度重视。

灾中：9月19日夜间，根据X波段雷达径向速度图分析，预判阜宁县芦蒲镇将发生局地龙卷等强对流天气，盐城市、阜宁县气象部门第一时间开展点对点和直通式“叫应”即将影响区芦蒲镇领导。20时31—48分，阜宁县根据芦蒲童营自动站14级（41.8米/秒）大风实况，又通过电话、微信“叫应”县委书记、县长、常务副县长、分管副县长。20时49分，张志刚局长同步电话“叫应”市领导，21时向市政府总值班室提交《重大突发事件报告》，并安排专人赴市防办联合办公，逐2小时发布风雨实况和最新天气预测。

灾后：9月19日21时20分，阜宁县气象局将暴雨和强对流应急响应命令由Ⅳ级提升至Ⅰ级。21时30分，阜宁县气象灾害防御工作领导小组办公室启动外部暴雨Ⅰ级应急响应。9月20日01时40分，建湖县气象灾害防御工作领导小组办公室启动暴雨Ⅲ级应急响应。灾情发生后，省、市、县快速响应，县级同志第一时间赶赴现场了解情况，20日凌晨04时，市局工作小组到达，联合开展灾后救援和重建气象服务保障。

（二）全手段加密提醒公众有效应对

盐城市气象部门利用气象新媒体和传统媒体服务渠道，及时发布强对流相关预报预警和天气实况信息。据统计，此次过程共发布气象服务短信29条，累计覆盖8.8万人次；微博33条，累计阅读量19.5万人次；微信11条，累计阅读量6.8万人次；加密更新96121短临信箱，在电视天气预报中重点突出介绍强对流天气。建湖县、阜宁县气象局利用应急广播渠道播发重要天气报告和雷暴大风、暴雨等预警信号内容，提醒注意防范。其中，建湖县9月17日、18日连续两天播放重要天气报告，19日20时32分播放雷暴大风橙色预警信号内容；阜宁县自19日19时44分起，先后4次20遍通过1225个县应急广播在线终端（其中芦蒲镇96个、板湖镇92个），提醒全县各镇村、社区注意防范大暴雨、10级以上雷暴大风、短时强降水以及龙卷等强对流天气，并发布防御措施。

（三）分场景快速响应做好专业专项服务

一是加强农业气象服务保障，灾前市气象局、市农业局开展联合会商，提前制作发布农业气象灾害预警监测产品，并通过人保自有渠道，向广大农险用户发布预警信息；灾后快速响应，协助完成保险定损和理赔等工作。二是细化电力气象服务保障，增加服务频次，逐6小时发布精细化气象要素预报和电力气象服务专报，在供电专项工作微信群发布强对流天气预警信息，及时点对点提醒电力部门关注强对流天气对电力设施的不利影响。

四、气象防灾减灾效益

在这场与龙卷灾害“较量”的过程中，盐城市气象部门为各级政府决策部署和社会公众防灾减灾争取更多时间、赢得更多主动。

根据气象预报预警信息，9月18日17时盐城市防汛抗旱指挥部（简称防指）启动全市防汛Ⅳ级应急响应，19日17时市政府组织召开全市防指防汛调度会，分管副市长专门强调防范强对流天气对危房可能产生的影响。建湖县政府采取提前转移群众、加固户外广告、停止户外高空作业等措施，阜宁县融媒体中心在调频广播每天6次广播天气预报，阜宁发布、阜宁新闻在微信、电视节目中高频播发强对流天气预报预警信息。阜宁县委书记连续两次在县委常委会上，表扬气象服务工作，并要求相关部门尽快在风廊地区安装每家每户都能听到的应急广播，特别强调设备使用权归县气象局，由县气象局及时启动和解除警报。

与强对流赛跑 递进式服务 成功护航数千渔船安全返港

（浙江省）舟山市气象局

冀 蕊 唐 跃 陈梅汀

2023年4月15日半夜，受高空冷涡南压影响，本年度首次雷暴大风天气汹涌来袭，此次过程强度大、影响范围广，10～13级雷暴大风横扫江苏到浙江沿海及近海渔场，又恰逢渔场休渔船只返港的关键时间节点，舟山市气象局以高度的政治自觉和行动自觉，坚持"人民至上、生命至上"的理念，及时进驻舟山市海洋与渔业局开展现场服务，充分发挥强对流"递进式"预报预警服务机制优势，提前12小时预报预警，实施了递进式精准服务，落实"早、准、快、广、实"的要求，为保障数千渔船返港安全和海上交通安全发挥了重要作用，所有船只在强对流来临前安全进港，在强对流"遭遇战"中赢得了胜利，受到了在现场指挥的市委书记和相关部门的充分肯定和表扬。

一、基本情况

受强对流天气系统影响，2023年4月15日夜里，江苏沿海普遍出现10级以上雷暴大风，部分测站风力达12级，16日00—02时，浙江舟山衢山及以北海域出现8～9级、个别10～13级雷暴大风（下海门浮标13级、下海山12级、马迹山10级，5站9级）。结合雷达回波动态和沿海测站实况风力，推测吕泗、大沙、长江口、舟山等近海渔场也有10级以上的雷暴大风。

二、监测预报预警情况

一是精准预报抢"天机"。预报人员提前研判，舟山市气象台及时与浙江省气象台、宁波市气象台开展联防会商，于4月15日上午提前12小时作出精准预报，指出此次过程吕泗、大沙、长江口、舟山渔场傍晚到夜里将自北而南出现10～12级雷暴大风，夜里嵊泗、岱山区域将出现8～10级局部11级雷暴大风（图1）。**二是精密监测察"天情"。**预报人员熟练运用国家、省、市级强对流监测平台对强对流云团以及实况风力进行严密监测，通过中国气象局短临预报业务平台（SWAN3.0）及时监测强对流云团在山东、江苏等地的生成发展情况和所经过地区的实况风力；同时，结合舟山、嵊泗两部多普勒天气雷达及周边雷达监测产品对强对流回波特征进行详细分析（图2）。**三是递进式发布助服务。**本次过程舟山市气象台于15日早、中、晚依次发布了《强对流预测报告》3期，而后发布雷暴警报和大风警报，并指导嵊泗县气象台发布雷电橙色预警信号和大风橙色预警信号，岱山县气象台发布雷暴警报。

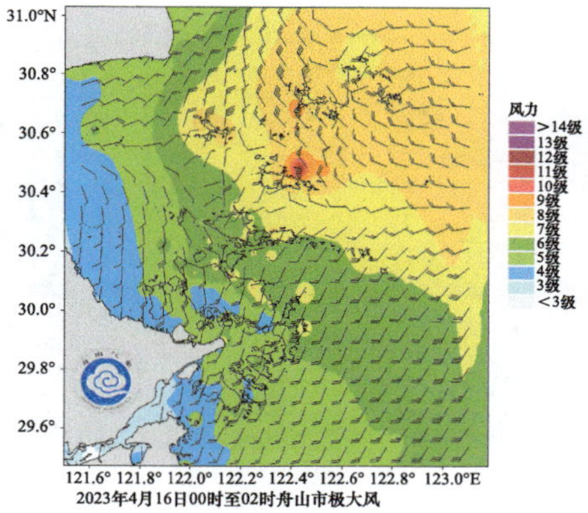

图 1　4 月 16 日舟山市极大风分布

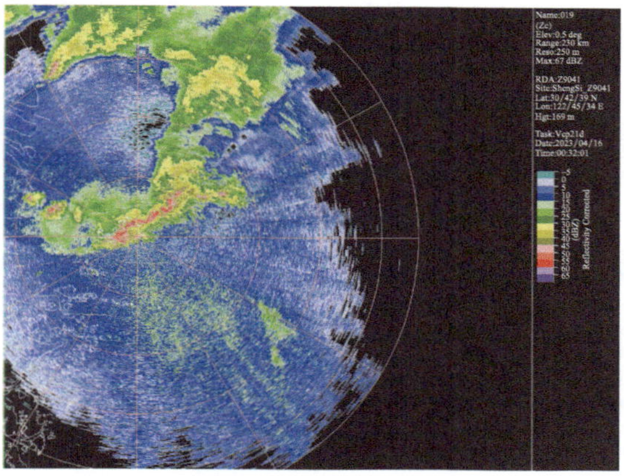

图 2　4 月 16 日嵊泗雷达 0.5°仰角基本反射率因子

三、气象服务情况

（一）递进式服务策略为科学防御赢得时间

坚持以需求为导向，秉持逐步升级的递进式原则，使此次服务更加科学高效。舟山市气象台 4 月 15 日上午发布《强对流预测报告》，为相关部门部署渔船返港等工作打好充分的提前量，海洋渔业、海事等部门及时出击、提前准备；15 日下午，与市应急管理部门开展现场联合会商，精细化预报为相关防御提供决策依据；15 日傍晚至 16 日 02 时，气象服务工作小组进驻市海洋与渔业局，开展强对流精细化的监测预报和现场决策服务，共同指挥渔船回港避风。海洋与渔业局根据逐级递进式预报服务，逐级提升响应程度，科学指挥渔船返港，避开强对流影响。气象服务为指挥调度提供了协调空间，为与对流云团赛跑提供了时间。

舟山市气象局在 2022 年年初就建立了五段“递进式”预报预警服务细则，通过浙政钉、短信、电话等手段，分级、分时、分众面向同级党委政府、防汛防台指挥机构、相关部门防灾责任人和基层责任人提供预报预警服务。递进式服务在台风、强对流等各类重大灾害性天气预报服务中发挥了重要作用。

（二）多部门联防调度，护航渔船成功避险

在本次强对流影响期间，舟山市气象局提前发布研判信息，及时开展与应急管理局、海洋与渔业局（图 3）等开展联合会商、现场入驻指挥，为相关部门积极调度海上船只安全避风提供有力气象预报保障，使得渔船在雷暴大风影响前安全避风，确保了强对流期间海上无险情，切实保障了渔民的生命财产安全。

近年来，舟山市气象局积极推进气象、应急管理、海洋渔业海事等部门的联动，推进“早发现、早通气、早预警、早联动”机制的建设，为共同做好海上渔船预报预警和气象防灾减灾工作、推进渔船回港的安全精细化管理、提升渔船作业效率提供了有效保障。

（三）数智化平台强力支撑，高质量发挥气象服务效能

此次强对流过程服务中，舟山市气象局依托渔船精密智控气象服务系统（图 4），通过将渔船安全相关实况信息、预报和预警信息、渔船、商船位置信息叠加显示，为渔船回港安全时间、最优港口和航线的选择贡献高质量的气象服务保障。

图 3　气象服务工作小组赶赴海洋与渔业局参与指挥

图 4　渔船精密智控气象服务系统在指挥中应用

目前渔船精密智控气象服务系统在气象部门、海洋与渔业局同时部署，实现资料的全面共享，相关预警、船只动态信息同步推送，为多方协商机制提供数据支撑，分渔区的预报预警为渔业生产调度提供科学依据。

（四）全方位广泛发布为气象防灾减灾筑牢防线

政府决策方面，在强对流影响期间，舟山市气象局主要负责人于 4 月 15 日上午 10 时向市委市政府领导和相关部门领导报告强对流研判资料，同时值班员通过浙江省突发事件预警信息发布系统向相关部门主管人员发送决策短信，向“舟山市重要气象信息通报群”和“舟山市本级气象协理员（信息员）群”等浙政钉群组（图 5）以及“舟山市应急值班”浙政钉号发布决策消息，而后决策资料滚动更新，确保相关决策部门及时接收到最新实况和预报消息，进行合理部署。

公众服务方面，在 4 月 15 日 17 时的 48 小时天气预报中指出：今天夜里局部有阵雨或雷雨，夜里雷雨时有 8～10 级雷雨大风。在 23 时 40 分发布大风警报和雷暴警报，并通过网站、96121、广播、电视、抖音、微博、微信等渠道向公众广泛发布。

图 5　浙政钉群组气象服务情况

舟山市气象局2022年起建立全媒体发布机制，充分利用网站、96121、广播、电视、抖音、微博、微信、浙政钉群组等固有渠道及联合舟山市融媒体中心主流媒体形成全方位全媒体矩阵。预报预警信息可通过浙政钉群组“气象信息媒体通报群”一键多方位发布，高级别预警信号同时被“舟山发布”等主流媒体及时引用并向大众广泛发布。

四、气象防灾减灾效益

（一）践行“人民至上、生命至上”理念，精细服务护航渔船成功避险

舟山市气象局深入践行“人民至上、生命至上”理念，依托气象现代化的科技成果，突出“主动互动联动”，与相关部门紧密合作，成功护航1000多艘渔船在雷暴大风来临前全部安全返港，切实保障了渔民的生命财产安全，以气象工作者的实际行动实实在在地发挥了气象在保安全、保稳定、促发展等方面的作用。

（二）递进式服务科学有效，获市委书记肯定、市海洋渔业局感谢

舟山市委书记何中伟对本次渔业生产安全气象保障服务给予了充分肯定与表扬；舟山市海洋与渔业局为舟山市气象局送来感谢信（图6），肯定了舟山市气象局一直以来的大力支持，特别指出舟山市气象局在2023年4月15日至16日强对流天气预防过程中对渔船回港避风安全的保障作用。

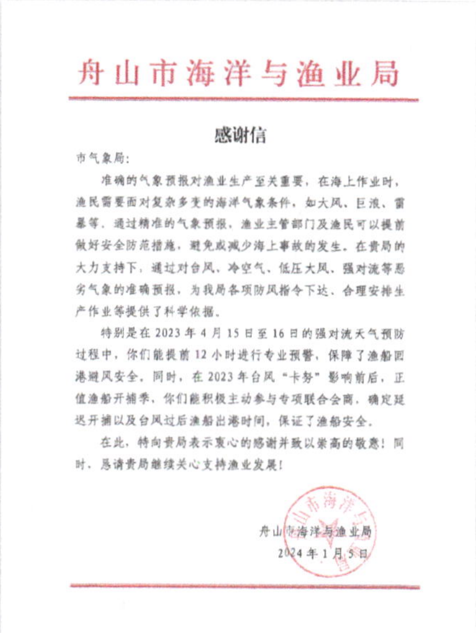

舟山市海洋与渔业局

感谢信

市气象局：

准确的气象预报对渔业生产至关重要，在海上作业时，渔民需要面对复杂多变的海洋气象条件，如大风、巨浪、雷暴等。通过精准的气象预报，渔业主管部门及渔民可以提前做好安全防范措施，避免或减少海上事故的发生。在贵局的大力支持下，通过对台风、冷空气、低压大风、强对流等恶劣气象的准确预报，为我局各项防风指令下达、合理安排生产作业等提供了科学依据。

特别是在2023年4月15日至16日的强对流天气预防过程中，你们能提前12小时进行专业预警，保障了渔船回港避风安全。同时，在2023年台风“卡努”影响前后，正值渔船开捕季，你们能积极主动参与专项联合会商，确定延迟开捕以及台风过后渔船出港时间，保证了渔船安全。

在此，特向贵局表示衷心的感谢并致以崇高的敬意！同时，恳请贵局继续关心支持渔业发展！

舟山市海洋与渔业局

2024年1月5日

图6　舟山市海洋与渔业局感谢信

（三）积累应对沿海和渔场春季强对流服务经验，助力“气象＋蓝色发展”

舟山是我国重要的群岛型城市，渔业资源丰富，海洋渔业是舟山的传统产业，春季是渔业生产活动旺季，但春季雷暴大风高发，在充分作业和有效避险的双重压力下，气象服务常面临严峻挑战。本次递进式精准服务规范高效，为今后此类过程的预报服务建立了成功范本。未来舟山市气象局将继续深化海洋特色精细化气象服务，为“气象＋蓝色发展”添砖加瓦。

安徽潜山“叫应”机制为抢险救灾创造“提前量”

（安徽省）潜山市气象台

杨　伟

一、基本情况

受台风“杜苏芮”残留云系影响，2023年7月28—30日，安徽省潜山市出现强降雨天气过程，8个乡镇降雨量超过200毫米，最大降雨量天柱山镇345.3毫米，为全省降雨中心。主要降雨时段为30日03—13时，天柱山站3小时累计降雨量为205.7毫米，突破了潜山3小时雨强的历史极值。

强降雨共造成45座水库超汛限水位，皖水余井段超警戒水位；水吼、天柱山、槎水、龙潭等乡镇大小塌方304处、道路中断16处、受损房屋20户36间。全市农作物受灾面积1173公顷，其中粮食作物受灾面积900公顷，农作物成灾面积280公顷。紧急避险转移安置252户597人。

二、监测预报预警情况

针对台风“杜苏芮”的潜在影响，潜山市气象台提前预报预警、积极主动服务，于7月27日发布《气象信息专报》，提醒“受‘杜苏芮’影响，28—30日我市有一次明显降水过程，29日前后有大到暴雨，局地大暴雨”，并通过市防汛微信群等平台发布到相关部门和防汛责任人。市气象局主要负责人第一时间向市委、市政府领导汇报。

伴随强降雨临近，7月30日03时33分，潜山市气象台通过反拨系统，电话“叫应”防汛责任人；03时47分发布暴雨橙色预警信号，05时14分变更发布暴雨红色预警信号，市局主要负责人“叫应”市委书记、市长、常务副市长、分管副市长，并汇报雨情及未来趋势。台风“杜苏芮”影响期间，潜山市气象台发布雷电、暴雨等预警信号11次，联合潜山市自然资源和规划局发布地质灾害气象风险预警5期，预警短信接收14081人次。

三、气象服务情况

7月30日凌晨，潜山市水吼镇水吼村发生山洪，部分村民房屋被冲垮，道路和部分通信设施中断损坏。潜山市气象局严格落实24小时值班制度和领导带班制度，局主要负责人靠前指挥，保障各项气象服务落到实处。

（一）准确及时做好决策气象服务

7月27日，面向党政领导、相关部门和气象灾害防御责任人，多渠道发布预报信息和《气象信息专报》，提前预报“受‘杜苏芮’影响，28—30日我市有一次明显降水过程，

29 日前后有大到暴雨，局地大暴雨”，并滚动订正此次强降水天气的降水量级、持续时间和影响范围。潜山市气象局主要负责人第一时间向市委、市政府领导汇报。

（二）严格落实临灾预警“叫应”机制

7 月 30 日 03 时 33 分，潜山市气象台通过反拨系统，电话“叫应”防汛责任人。03 时 47 分发布暴雨橙色预警信号，潜山市气象局应急值守人员电话“叫应”市应急管理局、自然资源和规划局、水利局主要负责人，并通过微信群“叫应”防汛抗旱指挥部成员单位；05 时 14 分变更发布暴雨红色预警信号，潜山市气象局应急值班人员按照“叫应”规则迅速开展“叫应”，市局主要负责人“叫应”市委书记、市长、常务副市长、分管副市长，并汇报雨情及未来趋势。

（三）部门通力协作防汛救灾

7 月 30 日凌晨，潜山市水吼镇水吼村发生山洪，天柱山镇白水村多处路段出现塌方，潜山市政府接气象部门临灾预警“叫应”和天气预报分析后，综合灾情实况，启动防汛Ⅱ级响应。

潜山市消防救援大队、水上救援队、5 支综合专职队共计 80 人到水吼参加抢险。潜山市消防救援大队教导员刘君说：“我在 30 日凌晨 3 点 49 分接到了市气象台预警信息后，就立即组织大队全体消防指战员做好随时奔赴灾害现场的准备，气象预警信息给我们抢险创造了‘提前量’。”

水吼镇组织镇村干部，上岗到位，落实各项防御工作，加强应急值守，做好受灾群众转移安置工作，确保人民群众生命财产安全。镇宣传委员周娟说：“我们组织人员开展‘敲门行动’，全力摸排转移人员，妥善安置受灾群众。目前集中安置点登记在册的有 123 人。”

潜山市交管大队接到气象预警信息后，出动 15 名警务人员赶到 318 国道思茶岭段进行交通管制，在事故塌方路段提前 200 米设置路障，不让车子乱插乱行，保证抢险车辆顺利到达抢险现场。7 月 31 日上午，应急抢修人员已经疏通道路、抢修通信杆路。避免过往行人车辆受到伤害。

四、气象防灾减灾效益

“前车之鉴，后事之师。”登陆减弱后甚至取消编号的台风对安徽大别山区造成的严重影响事件不胜枚举，安徽省、市、县三级气象部门历来高度重视台风残留云系的不利影响。在此次预报预警和服务过程中，全省气象部门认真贯彻落实习近平总书记关于防汛救灾工作重要指示精神，安徽省气象局主要负责人密切关注，安徽省气象台和安庆市气象台积极做好指导预报，潜山市气象台全体干部职工闻“汛”而动，到岗到位，始终绷紧防汛救灾这根弦，始终把人民生命财产安全放在第一位，以“时时放心不下”的责任感，强化监测预报预警，紧盯防汛重点部位，落实落细各项防汛措施，慎终如始做好防汛抗洪救灾各项工作。

7 月 30 日 07 时，安徽省气象局局长胡雯及时向省政府领导报告潜山市降水实况及预报信息，省领导对此次强降水服务给予充分肯定。当日，潜山市委书记梅耐雪、市长王国林在防汛救灾会议上对气象部门均给予充分肯定，“气象部门‘叫应’非常及时，给抢险救灾创造了‘提前量’”。

由于预报精准、预警及时、服务到位，全市上下及时响应，齐心协力，尽管强降雨造成了一定经济损失，但全市无一人因灾伤亡。在这场强降雨应对过程中，气象部门全力保障了人民群众生命财产安全和社会大局稳定。

发挥现代化建设成效　全力迎战台风“杜苏芮”

1. 福建省气象台；2. 福建省气候中心

邵颖斌[1]　韩　美[1]　朱艳萍[1]　陈　思[2]　吴启树[1]

2023年第5号台风“杜苏芮”以强台风级正面袭击福建，为登陆福建历史第二强台风，综合台风风雨指数历史第一。带来持续8天风雨影响，56.3%的乡镇累计降水量超过100毫米（其中3%的乡镇超过500毫米）、17.1%的乡镇出现10级以上阵风（其中6.2%的乡镇阵风12级以上），多地日降水量、最大平均风速、瞬时极大风速破当地有观测记录以来历史纪录。福建省气象台切实贯彻落实习近平总书记关于防汛救灾工作的重要指示精神，以“时时放心不下”的责任感加强值班值守，充分发挥气象现代化建设成果，精密监测、精准预报、精细服务，获得了实际的社会经济效益。

一、基本情况

本次台风过程有5个特点：一是登陆强度强，登陆时台风中心附近最大风速为50米/秒（强台风级），为登陆福建台风历史第二强。二是影响时间长，7月28日09时55分登陆晋江沿海、22时进入江西，登陆后穿行福建12小时，强风雨持续96小时。三是风雨极端性强，陆上强风以台商投资区张坂镇51.4米/秒为最大（16级），累计降水量以涵江区新县镇820.5毫米为最大，最大小时雨量为荔城区新度镇151.2毫米。沿海地区多站最大平均风速、瞬时极大风速和日降水量均破当地有观测记录以来历史纪录，其中莆田日降水量526.8毫米破全省国家观测站历史纪录。四是台风后部暴雨极端性显著，台风登陆后全省大部普降暴雨到大暴雨，沿海地区出现特大暴雨；28—29日累计降水量超过500毫米的县（市）和乡镇各占过程累计降水量的76%左右。五是致灾风险性高，5市11县12条河流16个站发生超警洪水，超警幅度0.09～2.88米。截至7月31日21时，台风“杜苏芮”造成全省266.69万人受灾，直接经济损失约147.55亿元。

二、监测预报预警情况

（一）发挥现代化站网建设成效，提升监测精密度

台风“杜苏芮”影响期间，完成台风预报服务协同观测科学试验，邵武、福州高空站应急加密观测6次，并应用到中国气象局监测专报，闽侯S波段雷达叠加应用剖析强降水区，泉州雷达在台风眼附近识别到TVS。海峡2号浮标（图1）28日01时测得台风中心最低气压930.9百帕，平均风速49米/秒（15级）；泉州海洋浮标监测显示台风登陆前极大风速不断增强。基于泉州晋江石圳华侨中学（F5623）和深沪码头（F5604）的区域站加密数据确认台风登陆时刻和定位，28日09时45分左右上述两个区域站2分钟平均风由东北风转为偏西风（呈现逆时针旋转），表明台风中心确实移过该测站（图2）。

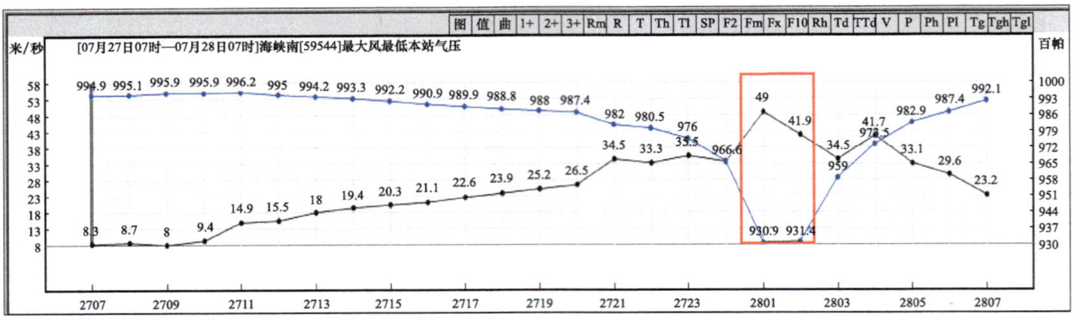

图 1　位于台湾海峡南部的海峡 2 号浮标站监测台风“杜苏芮”时序图

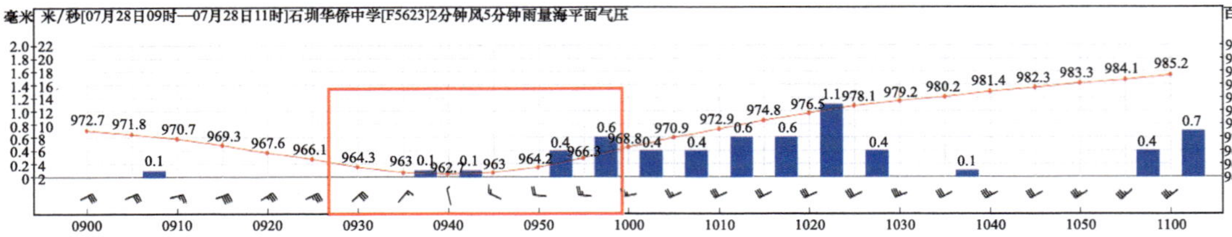

图 2　石圳华侨中学站 2 分钟平均风时序图

（二）精进台风、暴雨关键技术，提升预报精准度

结合福建优选概率权重台风路径预报及主观经验，此次台风 24 小时、48 小时路径预报误差分别为 41.6 千米、73.4 千米，相比“十四五”目标值分别减小 23 千米、43 千米。迭代升级“福建 OTS 算法”，优化极速外推短临预报产品（FJEEP），暴雨 TS 评分 0.51，暴雨红色预警信号 TS 评分 0.67、平均提前量达 139 分钟（相比上半年提升近 40 分钟），为福建省人民政府防汛抗旱指挥部（简称省防指）精准防御部署和部门联防联动提供了科学支撑。

（三）及时跟进滚动预报，提升预警和应急响应有效性

提前一周监测台风动态变化，强调“杜苏芮”将“先风后雨”严重影响福建省，提前 3 天指出“杜苏芮”将以强台风或超强台风级登陆福建省南部。精准把握关键节点、及时跟进发布预报预警，并适时调整台风和暴雨应急响应（图 3）。此次过程福建省气象台于 7 月 23 日 16 时启动台风Ⅳ级应急响应，27 日 09 时提升至台风Ⅰ级、暴雨Ⅰ级，台风和暴雨Ⅰ级应急时间持续近 72 小时；共报送各类决策服务材料 220 份，其中Ⅰ级应急期间报送 109 份（日均 36 份），为避险转移安置人员赢得宝贵时间。

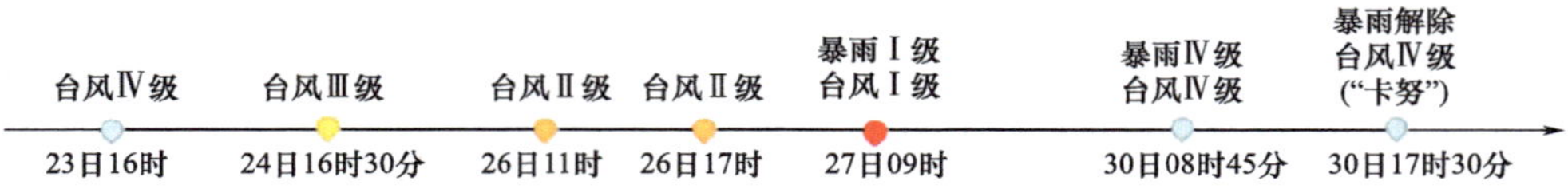

图 3　福建省气象台应急预案等级时间进度

三、气象服务情况

（一）凝练理论支撑，递进式服务提供精细化决策依据

发展决策理论以支撑现代化气象服务，采取递进式服务策略（图 4），构建不同阶段关键决策点与服务措施，强化气象服务的精细化、及时性、准确性和实用性。在台风登陆点、强度和风雨预报不确定性的情形下，7 月 19 日全省会商上首次预报 25 日前后起可能有台风影响福建省，21 日首次提醒“杜苏芮”将影响福建省，23 日首次发布台风预警并指出风雨影响严重，24 日起一日多次与省防指滚动会商，25 日起提供逐渐精细化的降水预报（图 5）。26—29 日福建省气象局领导、福建省气象台台长和首席入驻省防汛办现场服务。

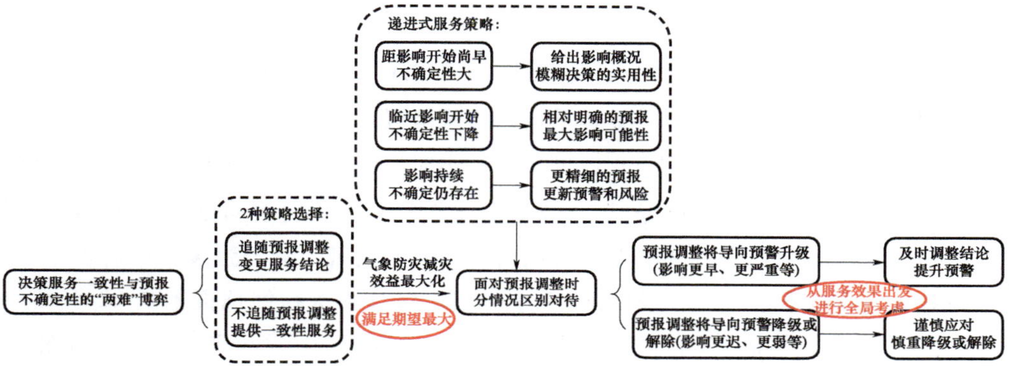

图 4　基于决策理论支撑的递进式气象服务策略

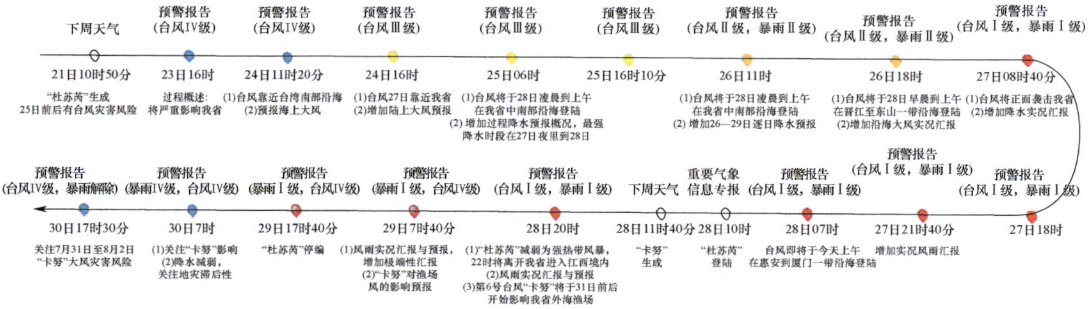

图 5　递进式气象灾害预警服务全过程

（二）融入风险普查成果，突显台风风险影响分析实用性

优化评估模型，针对性对比分析历史台风个例，提前 5 天预估“杜苏芮”台风强度综合指数与“莫兰蒂”台风并列第一，把底线思维、极限思维贯穿落实到防御全过程；增加台风大风、暴雨灾害风险和综合风险预估，明确中高危险地区；同时首次将台风气象灾害风险（预）评估融入滚动预警预报，提高台风预警的完整性（图 6）。

（三）优化“叫应”机制，联动联防提升气象服务保障能力

完善分灾种、分影响、分级别的服务标准，持续优化“双向同步”“叫应”联动服务机制，通过微信、短信、电话等渠道进行“叫应”和直通式服务，为“上下联动、区域联防”和部门联防联动抢得先机。“杜苏芮”登陆影响期间，福建省预警发布系统向 41 个部门 1834 家单位发布 1954 条预警信息和 17456 条风险消息，确保预警信息“分钟级”送

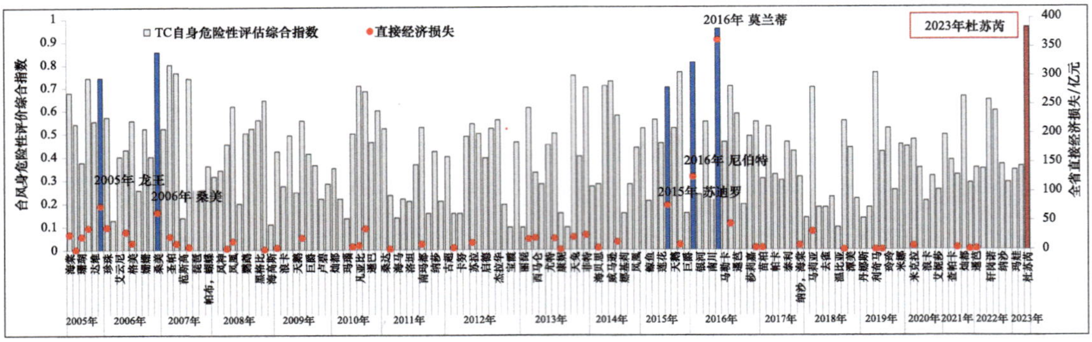

图 6　风险普查产品在台风“杜苏芮”过程中的应用

达，第一时间预警“叫应”到点到人，上报联动“叫应”服务情况 283 条。

（四）加强部门联动，“1262”做实重点防御风险区划

7 月 23 日起启动“1262”（提前 12 小时、6 小时、2 小时发布精细到乡镇的强降水预警）精细化城乡气象预警联动服务机制，27 日 08 时起全天实时滚动更新风雨实况和预报。台风登陆前 112 小时起，每日 3 次发布台风动态和海上大风、陆上强风暴雨防御重点并在省级主流媒体上实时滚动播出；登陆前 47 小时起，每日 4 次精细预报未来 12 小时、6 小时强风和强降水重点防御乡镇；登陆前 45 小时起，绘制和更新台风重点防御区域图；登陆前 1 小时起，滚动发布精细到乡镇的 2 小时强降水报告。12 小时、6 小时 10 级以上阵风和暴雨（大暴雨）重点防御乡镇的预报命中率分别达 68.8%和 50.1%，2 小时暴雨（大暴雨）重点防御乡镇的预报命中率达 81.2%。图 7 为《中国气象报》专题刊登福建递进式服务。

2特别策划

中国气象报

直面风雨 筑牢防汛安全堤

杜苏芮

“1262”串起守护安全的“密码”

——福建递进式服务抢出台风防御提前量

台风“杜苏芮”于7月28日9时55分登陆福建晋江沿海，浙江、上海、江西、北京、天津、河北等地陆续出现强降水天气。各地气象部门坚持人民至上、生命至上，积极行动，全力应对，筑牢气象防灾减灾第一道防线。

上海

强化“三动”护太湖安澜

启动1分钟加密观测 反演副高趋势

风云气象卫星追踪“杜苏芮”移动路径

图 7　《中国气象报》专题刊登福建递进式服务

（五）推动“一过程一策”，探索新媒体舆论环境下的气象服务策略

7月24日06时中央气象台台风公报直指“杜苏芮”将“登陆福建”，尽管24日10时的公报已经改为“向福建中部到广东东部一带沿海靠近”，但是由于该段“登陆福建”的文字迅速被各新媒体转载传播，一度导致省级决策气象服务陷入被动。在此情形下，福建省气象局推动“一过程一策”机制，加强组织黏性、及时加密会商、加强权威发声（图8），统一、及时、准确发布预警信息，形成应对和处置突发事件合力。在“闽政通”“知天气”等各级公共平台、APP即时播报台风动态、防御信息，联合直播观看总量达973万人次，“知天气”用户最高单日超132万人次；主流媒体刊发新闻通稿和专家解读视频130篇次，其中新华网阅读量超2600万人次；福建气象、福建发布等20余家媒体推文累计阅读量超1300万人次。

图8　内部推动“一过程一策”服务联动机制并加强权威发声

四、气象防灾减灾效益

（一）强化组织领导，各方协同提前筑牢安全屏障

福建省委书记周祖翼、省长赵龙等省委、省政府主要领导多次组织召开防台部署会，各地各部门之间以“1262”机制为纽带加强联防联守。驻闽部队、武警部队向重点防御区域预置抢险救援力量，全省各类专业抢险救灾队伍进入临战状态。

气象部门提前2周开展强台风正面登陆福州的省级实战演练；提前1周完成省防灾中心园区水电消防、安保等检查检修和改造工作；提前3天派出3支应急保障队、调拨雷达备件到泉州、厦门和漳州雷达站，海岛站、浮标启动双套站运行；省级决策中心加强“一过程一策”联动。各方协同努力，提前筑牢防御气象灾害的安全屏障，力求将台风袭击带来的灾害影响降至最低。

（二）发挥气象先导作用，推进预警信息“发令枪”功能

进一步发挥气象预警先导作用，汛期前修订好省级预警信号标准，推进预警信息由“消息树”向“发令枪”转变。7月23日首次发布台风预警，26日同时发布台风预警Ⅱ级和暴雨预警Ⅱ级，27日将台风和暴雨预警升至Ⅰ级并持续近72小时。26—29日连续发布8次“台风紧急警报”和6次“暴雨警报”，更新重点防御区域图、电话指导各地（市）发布暴雨红色预警26次，各地按照属地原则共发布台风红色预警信号93次、暴雨红色预警信号67次。莆田、泉州、漳州、厦门等地于27日启动“三停一休”紧急动员令，全省大

部分市（县）启动安全防护动员令。气象服务工作得到福建省委、省政府和社会的充分肯定。

（三）发挥气象赋能生产力，突显防灾减灾服务成效

与自然资源、水利、农业农村、交通等部门联合发布地质灾害气象风险预警、山洪灾害风险预警、农业生产气象风险预警和热带水果产区专题服务，为地质灾害、山洪灾害等高风险区域坚决转移人员、化解生命安全威胁提供网格化精细服务，为农业防灾减灾和热带水果生产提供针对性的气象服务，取得了切实的防灾减灾服务成效；与海洋渔业厅加密会商，共同发布《福建省渔业气象及海况预报》，为“海上福建”建设提供服务保障；恰逢暑期旅游高峰期，发布道路交通风险预估和旅游景区气象综合风险指数预报，为文旅安全保驾护航；向宁德和福清两处核电站滚动提供专业气象服务，为保障能源产业安全发挥作用。

福建省预警发布系统首次自动化对接省、市、县地质灾害气象风险预警系统，首次对接省级应急广播系统 112 个渠道，确保预警信息第一时间到户到人。首次开展热带水果和水稻产区气象灾害风险预估，首次发布全省旅游景区气象综合风险指数。首次联合民航福建空管分局气象台及晋江机场气象台发布航空气象服务产品，相关单位领导专程来省气象局表示感谢。

精细气象服务为“2023 南昌飞行大会”保驾护航

（江西省）南昌市气象局

徐亚娟　刘　程　黄亿格

由江西省南昌市人民政府主办、南昌高新区管委会承办的“2023 南昌飞行大会”（以下简称飞行大会）于 2023 年 10 月 27—29 日在瑶湖机场成功举办。作为每年南昌市重大活动气象保障服务的重头戏，南昌市气象局在本次飞行大会气象保障服务中推陈出新，通过电话会商、联合办公、数据共享等方式，夯实飞行气象服务基础数据支撑，滚动检验预报结果，相关要素预报准确率进一步提高。

一、基本情况

飞行大会活动于 10 月 27—29 日在南昌市瑶湖机场召开。本次大会有利于促进航空产业高质量跨越式发展，聚焦优势资源，突出江西航空产业特色，提升江西省在国内乃至国际的知名度，是一场具有吸引力、竞争力、影响力的航空盛会。大会召开期间，参与嘉宾、观众规模达 20 万人。南昌市气象局精细、周密的气象保障服务为本次大会的顺利举行保驾护航。

二、组织部署情况

（一）以大会需求为引导，建立服务方案

为确保飞行大会气象保障服务有序、有效开展，南昌市气象局成立“2023 南昌飞行大会气象保障服务工作领导小组”，并以飞行大会对气象服务需求为牵引，聚焦活动关键节点和核心需求，制订并动态调整和实施气象服务方案。细化服务任务和产品清单，服务产品从最初的气候背景分析到滚动预测预报，从逐日预报到逐小时预报，从单一天气现象预报到温度、风向风力、云底高度、能见度预报以及影响建议，服务频次逐步加大，服务产品不断优化，为飞行大会圆满举办提供了贴心服务。

（二）提升气象服务效率，实行联合办公

本次飞行大会气象保障服务中，南昌市气象局推陈出新、祭出实招。在往年电话会商的基础上，选派一名首席预报员提前 5 天入驻瑶湖机场气象台开展飞行服务联合办公，交流飞行预报服务经验，并开展数据共享，提升了活动天气会商效率。

（三）助力提升预报服务，开展加密观测

考虑到飞行大会筹备及召开期间时值南昌市秋季，总体天气气候较好，但降水、雾霾、大风、降温等天气可能对活动产生不利影响，在大会筹备及召开期间南昌区域自动气象站实行 5 分钟加密监测，启动了南昌多普勒天气雷达，密切监视天气变化。尤其飞机飞行对天气敏感度高，南昌市气象局提前 7 天现场部署多种气象要素监测设备，首次使用云高仪、能见度仪等飞行敏感气象要素监测设备进行现场气象保障，并于 10 月 27—29 日安排应急车至活动现场（图 1），抽调减灾科、气象台、综合保障中心人员开展现场移动监测，以保障活动的顺利进行。

图 1　飞行大会期间安排气象应急车至活动现场进行气象保障

三、气象服务情况

（一）递进服务，助力大会筹备与举办

南昌市气象局主动与飞行大会组委会对接大会气象服务需求，确定与飞行大会密切相关的高影响天气和气象要素。在大会筹备工作前期阶段，提供南昌市 10 月 27—29 日期间气候背景、高影响天气风险分析报告，为大会筹备、制订各类工作方案和安排各项计划提供参考和基础数据支撑。10 月 19 日开始以专报的形式向组委会提供未来 3 天及 10 月 27—29 日天气预报服务，26—29 日向组委会提供 0～24 小时内逐 3 小时、24～72 小时内逐 6 小时天气预报服务。在 27 日大会开幕式期间，根据大会组委会需求，增加预报服务产品，加密提供逐小时预报服务。

（二）省市联动，致力提高预报准确度

本次飞行大会恰逢一次中低层切变线过境天气过程，降水有无和气象要素的预报颇具难度。为了做好复杂天气形势下的预报服务，采取省市联动工作形式，江西省气象台先后与南昌市气象台针对大会天气开展加密会商十余次，并于 10 月 25 日组织飞行大会专题首席大会商，两级首席预报员齐聚一堂，得出了“27 日白天多云转阴天，晚上有短时小雨”的预报结论，高度精准的预报确保了大会服务的圆满成功。

（三）精细预报，提供针对性气象服务

10 月 27 日大会开幕式期间天气复杂，气象保障服务备受大会组委会关注。为切实保障 15 时开幕式顺利进行，南昌市气象局党组书记、局长谢银水带领气象保障工作组赴现场指挥调度短临预报服务，并先后 3 次向市委、市政府主要领导和分管领导报告降水发展趋势以及天气对活动无明显影响的决策建议（图 2）。南昌市气象局服务团队充分利用各类现场移动监测数据，结合卫星云图和雷达回波实时监测天气变化，现场移动监测人员与南昌市气象台于 12 时进行气象会商，综合研判后得出结论“预计 14—15 时阴天多云，零星小雨，气温 25 ℃，能见度 10 千米，云底高度 1～3 千米；15—16 时多云间阴，气温 23 ℃，能见度

10 千米，云底高度 2～4 千米；16—17 时多云间阴，气温 23 ℃，能见度 10 千米，云底高度 2～4 千米”，并逐小时向大会后勤保障组滚动报送天气预报信息。14 时许，分散性弱降水过程如约而至，预报与实况高度一致。

图 2　南昌市气象局局长谢银水在飞行大会活动现场与气象台视频会商

（四）巧用平台，开展特色化公众服务

通过“南昌天气”微博以及地铁、公交等电子显示屏设备，实现全媒体、智慧型气象保障服务，并延伸开展多手段、广覆盖的公众气象服务。在 10 月 27—29 日通过微博专门建立“2023 南昌飞行大会”话题，向公众提供大会气象信息，并通过“午间气象播报”“短临预报”等常规话题以及“打卡我眼中的秋天”等热门话题为大会提供短时临近天气预报、降水实况提醒、出行建议、穿搭指南等信息（图 3），共计发送相关微博 20 期，阅读量达 12 万人次。

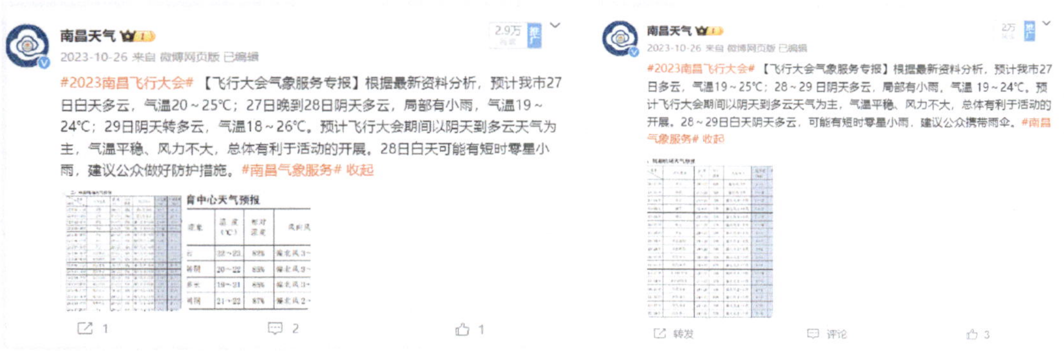

图 3　通过微博发布飞行大会专题气象服务

四、气象服务效益

在本次飞行大会气象保障服务中，南昌市气象局实施了全过程、精细化、跟进式、针对性的气象保障服务，充分发挥气象现代化建设成果的作用，着力提高预报预警准确率、精细化水平和服务针对性、科学性；省市联动的气象服务模式有效提高了气象服务的准确性，为飞行大会成功举行提供精准高效、保障有力的气象服务。

南昌市气象局此次飞行大会全流程跟进式气象服务工作得到了各方充分肯定。江西省委常委、南昌市委书记李红军专门发信息，点赞气象部门在飞行大会举办前后做出的精准预报和服务奉献。

山东递进式气象服务助力低温雨雪冰冻天气防御

山东省气象局

王晓君　顾伟宗　陈优宽　刘淑杰

2023 年 12 月 13 日至 22 日，入冬以来第一次大范围强降雪天气过程影响山东，全省大部地区出现强降雪、强降温和低温冰冻天气。全省各级气象部门深入贯彻落实习近平总书记对低温雨雪冰冻灾害防范应对工作作出的重要指示精神，全面落实山东省领导和中国气象局领导工作要求，坚持“人民至上、生命至上”，密切跟踪天气形势演变，开展递进式气象服务，助力全省成功防御寒潮雨雪和持续低温天气过程。

一、天气实况

（一）雨雪范围广、降雪强度大、积雪较深

受强冷空气和暖湿气流共同影响，12 月 13－14 日，山东省各市普遍出现雨雪天气，其中 14 日鲁西北和鲁中地区出现大到暴雪局部大暴雪，为山东省有气象记录以来 12 月历史之最，是一次极端暴雪天气事件。平原等 8 县（市、区）达到大暴雪等级，无棣等 20 县（市、区）达到暴雪等级。临清等 23 县（市、区）降水量突破本站 12 月历史极值。夏津（23 厘米）、平原（23 厘米）、河口（18 厘米）突破本站积雪深度历史极值。鲁西北和鲁中地区出现雨、雨夹雪、冰粒和纯雪等复杂降水相态，菏泽定陶、威海文登等地出现冻雨，聊城、德州和济南出现打雷现象（俗称“雷打雪”）。

（二）半岛冷流暴雪突破历史极值

受强冷空气频繁影响，12 月 15－22 日，半岛地区出现持续性强降雪，降雪量和积雪深度均突破有气象观测记录以来的冷流暴雪历史极值。文登出现特大暴雪，烟台市区、威海市区、荣成、牟平连续出现暴雪。烟台和威海的 5 个县（市、区）累积降雪量超过 40 毫米，最大为文登 88.4 毫米。文登 16 日降雪量 27.5 毫米、21 日降雪量 33.7 毫米，接连突破半岛日降雪量历史极值。文登、荣成和牟平 3 站积雪深度突破历史极值。文登 22 日 08 时积雪深度达到 74 厘米（图 1），创山东所有气象观测站历史新高。

图 1　2023 年 12 月 22 日文登最大积雪深度 74 厘米

（三）过程出现突破历史极值的低温并持续

过程前后气温反差大。12 月 8 日，全省最高气温出现在邹平，为 25.4 ℃；邹平等 107 站日最高气温达到或突破本站 12 月历史极值。受强冷空气影响，山东省气温持续下降，17 日早晨最低气温：鲁西北和鲁中山区最低气温－20～－15 ℃，16 县（市、区）跌破历史同期极值；聊城冠县最低气温为－20.2 ℃。19－22 日山东省持续出现低温天气，21－22 日早晨最低气温：鲁西北和鲁中山区－20～－15 ℃，德州－20.8 ℃。

二、气象监测预报预警服务情况

（一）强化组织领导，扛稳气象防灾减灾服务政治责任

12 月 16 日、17 日，中国气象局和山东省政府分别召开专题会议，传达习近平总书记对低温雨雪冰冻灾害防范应对工作作出的重要指示精神。山东省气象局迅速组织传达落实，要求全省各级气象部门进一步提高思想认识，扛稳气象防灾减灾服务政治责任；密切监视天气变化，做好分析研判和监测预警；紧盯风险点位，做好部门联防联动；加强雨雪冰冻灾害防御科普宣传和提示；加强应急值班值守。组织落实省领导部署要求，组建 27 人雨雪低温冰冻天气气象服务工作专班。山东省气象局于 13 日 09 时启动气象灾害（寒潮）Ⅲ级应急响应，并于 14 日 07 时 30 分提升为Ⅱ级，15 日 09 时调整为Ⅳ级，22 日 14 时终止。

（二）强化监测预报预警，发挥递进式气象服务作用

1. 精密监测。加强气象卫星遥感监测，定时监测积雪分布；启动雨滴谱、云雷达、风廓线雷达、X 波段相控阵雷达等新型装备，联合地面气象观测站开展精密监测。

2. 精准预报。各级气象部门采用海上极大风、降水相态、积雪深度等客观预报技术，精准预报各地天气。参加中国气象局会商并发言 6 次，接受上级指导。通过每日全省会商和不定时电话会商联防，加强对市县级预报预警技术指导，并与多部门加密会商、联防联动 420 次。全省共发布暴雪、道路结冰、低温、寒潮、大风等预警 742 次，平均暴雪预警提前量为 16 小时。

3. 开展全流程、递进式、精细化气象服务。从 11 月 23 日向省政府报送《12 月气象灾害风险隐患分析》开展月气候趋势预测起，开始关注本次过程。12 月 7 日，向省政府报送的《每日气象专报——未来 4～7 天天气趋势预报》提示做好防范准备。12 日，发布寒潮雨雪和持续低温预报和气象灾害风险评估。13 日，暴雪黄色、道路结冰橙色、寒潮黄色和海上大风黄色 4 预警连发并开展高级别预警“叫应”，同日联合农业部门发布农业气象灾害预警。13－17 日，及时发布降雪和降温等实况 10 次。2024 年 1 月 4 日，组织对过程预报服务进行复盘总结。

4. 多渠道开展决策、公众气象服务。山东省应急气象服务平台接入省应急指挥中心和有关部门，气象风险预警和影响预估等产品直达领导桌面，服务决策指挥，保障经济社会安全与发展。国家突发事件预警信息发布系统接入应急广播系统，实现高级别预警通过山东应急广播系统 19.9 万个终端广播，打通预警发布最后一公里，全面保障人民群众生命财产安全。“山东天气”新媒体矩阵滚动发布降雪、降温过程实况、预报、预警、科普和防护知识等微信、微博、抖音、快手、头条信息 326 条，浏览量达 1.7 亿次；发送气象预警短信 118.5 万条，提示公众做好健康防护、出行安全、防寒保暖、风险防范等。

（三）强化部门联防联动

山东省气象局联合宣传、应急管理、公安交管、交通运输、能源监管、住建、农业农村、海事、黄河河务、卫生健康、广电等部门加强寒潮天气灾害防御，共同推动各地做好能源保供、城市供暖、电力、天然气、交通运输、海上安全生产、黄河凌汛、人体健康等方面防范应对工作。

三、部门联动保障人民群众生命财产安全

依据气象部门预报预警信息，山东省政府办公厅和省减灾委员会、省海上搜救中心等部门印发文件10余个，要求强化监测预报预警，加强重点领域安全防范，强化城市运行保障措施，加强值班值守和应急处置，全力保障人民群众生命财产安全和社会经济安全稳定运行。济南、德州、聊城等地发布暴雪和道路结冰红色预警，当地政府组织实施错峰上下班、中小学生居家学习等有效举措。山东高速出入口及时调整出入口封闭和限速限行要求。暴雪影响地区，旅游景区关停、航线停运、商港暂停装卸作业、公交线路调整或停运。

总体而言，此次低温雨雪灾害天气过程，极端程度强，持续时间长，社会影响大。气象预报预警准确及时，“叫应”服务迅速有效，省、市、县各级党委政府部门根据气象信息迅速响应、做好防范，气象预警迅速转化为党政命令，全社会各部门联动服务，合力科学防灾减灾，共同保障了人民群众的生命财产安全，充分发挥了气象防灾减灾第一道防线作用。

找准小切口 托起大服务 助力 2023 年河南麦收攻坚战

河南省气象服务中心

王宗明　沈文颖　刘晓迎　闫丽朱　秦　乐

2023 年 5 月 25 日—6 月 10 日，河南麦收遭遇“烂场雨”天气，造成省内多地夏收受阻，面临严重粮食安全风险。针对这一急迫情况，河南省气象服务中心按照省气象局统一部署，布置优化和调试“气象农事通”等数字化业务系统，从农机调度、保险救灾、公众宣导等多个维度进行精细化气象服务，同时根据一线情况，及时改进服务内容和形式，气象服务效益显著，相关工作获《人民日报》报道，河南省人民政府网站转发。

一、基本情况

2023 年 5 月 25 日—6 月 10 日，河南遭遇持续阴雨、区域性暴雨、强对流天气等多轮降水过程，与省内多地小麦成熟收获期高度重合，导致河南多地麦田积水、小麦点片倒伏，部分地区陆续出现籽粒萌动、穗发芽、发霉等现象，严重影响夏粮正常收获工作，同时，农业保险救灾、理赔查勘工作繁重复杂，如何保障种粮者及时获得保险权益面临挑战。

持续阴雨时间长：从 5 月 24 日夜里豫西地区降水开始至 30 日白天豫东南降水停止，阴雨天气持续近 7 天，阴雨日数为 1961 年以来同期最多，日照时数严重偏少。5 月 31 日到 6 月 5 日河南多阵雨天气，黄河沿线及黄河以南大部出现小雨，豫西、豫南出现中到大雨，6 月 6—8 日豫北、豫东地区下午至夜间出现对流性天气，过程先降水、后起风，易造成小麦倒伏，影响麦收进度。

阴雨期间出现区域性暴雨：5 月 26 日夜里到 29 日出现区域性暴雨过程，全省 18 个地市有 113 个县（市、区）出现暴雨，有 32 个县（市、区）出现大暴雨，全省平均降水量为 45.9 毫米，小麦主产区商丘、周口、开封、驻马店平均降水量分别为 83.0 毫米、67.8 毫米、53.0 毫米、41.9 毫米。与往年同期相比降水量异常偏多。

二、气象服务情况

（一）锚定机手位置，精细化服务机收工作

农机适时作业是抢收关键，以往农机服务仅依靠群发短信，时效性、精准性较差，为此省气象服务中心于 5 月 20 日紧急上线“气象农事通”小程序（图 1），联合农机部门向省内开展作业机手紧急推广。小程序每日处理超 300 G 气象数据、超 80 G 遥感影像数据、平均日后台位置响应次数达 4 万多次，农机手基于位置能够实时获取气象实况、预报、预警信息及精细到“村”的小麦遥感种植面积、收割进度等关键信息，为农机手科学规划麦收时间和路线提供了重要的参考依据。小程序后台“河南小麦收割监控系统”，能够根据

农机手的实时位置自动生成作业分布热力图，管理人员可通过未来天气状况、收割进度遥感监测预测、农机手作业机位分布等信息及时提供调度建议，指导抢收工作有序进行。5 月 31 日河南省开展小麦机收大会战，日投入联合收割机 13.85 万台，6 月 1 日和 2 日机收面积均超过 1000 万亩，2 日当天收获小麦 1543 万亩。5 月25 日到 6 月 3 日期间，小程序后台位置响应次数高达 81 万余次，彰显了其在小麦抢收过程中的重要作用。

图 1　Web 端农机手位置分布热力图及小程序功能展示

（二）发挥气象先导作用，科技助力农业保险救灾理赔

在大面积灾害背景下，保险行业存在分层次救灾理赔需求，即如何安排有限资源产生最大防灾减损效益，尽快为受损农户提供理赔保障（图 2）。河南省气象服务中心“农业保险气象风险管控平台”融入十几万条保险历史数据，集成多种独有风险评估模型，自 5 月 25 日开始，该平台监测到连阴雨风险评估等级和赔付率均明显上升，结合农机作业位置的实时热力分布图，河南省气象服务中心保险团队针对各地小麦成熟状况，为多家保险公司提供了乡镇级降水及影响情况分析，为保险公司科学确定救灾理赔的优先顺序提供了有力指导。同时，依托“农业保险精准服务系统”开展气象凭证线上查询、下载服务，显著提升了保险理赔效率。相关工作受到河南保险行业协会的积极报道。

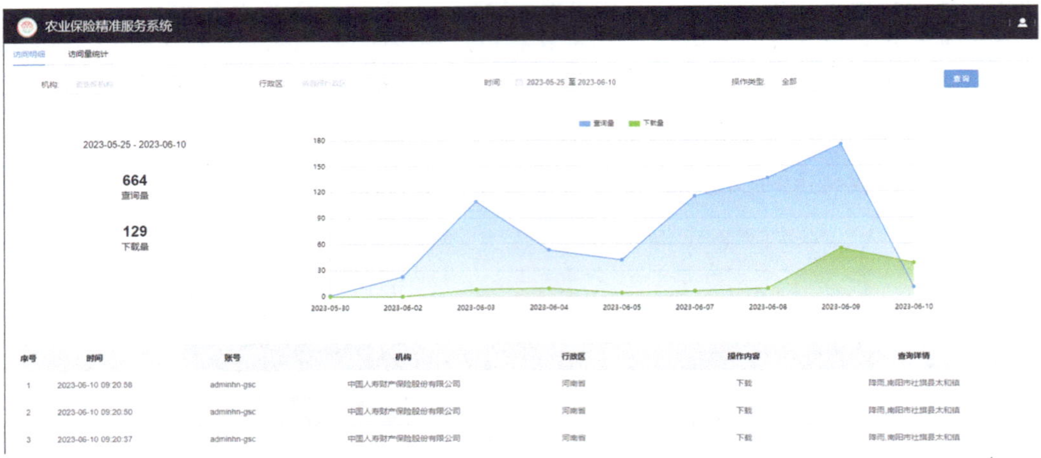

图 2　2023 年 5 月 25 日—6 月 10 日理赔凭证查询变化曲线

（三）发挥行业服务优势，聚焦保障关键问题

凭借小程序精细化服务优势，河南省气象服务中心联合省气象科研所，实时发布小麦晾晒、烘干、入库等一系列关键环节的精准信息，助力优化抢收后的处理流程。每日滚动更新《农机转场交通气象风险预警》，为科学规划行车路线提供精细化气象服务保障，有力保障农机跨区作业安全。每日滚动更新《夏收供电用电气象服务专报》，保障作业农田 24 小时不间断电力供应的安全与稳定。

（四）媒体发布多元统一，合力提升宣传质效

河南省气象服务中心联合科研所、气象台滚动发布《河南夏收夏种气象服务专报》图文、短视频产品 17 期，并不间断制作麦收进程图和夏播进度图；持续开展“风吹麦浪 气象护航”三夏专题气象服务，主持相关话题 12 个，阅读量达 580 万人次，7 次登上微博同城热搜榜；并在河南卫视《河南新闻联播》天气预报节目中增加三夏气象服务内容。全媒体平台三夏气象服务信息被河南发布、《河南日报》等数十家权威媒体联动转发 400 余次，累计阅读量超过 1 亿人次；气象监测预报预警信息和天气解读，被新华网、人民网、中国新闻网、《河南日报》等 20 余家媒体通过各种平台进行了广泛报道。

三、气象防灾减灾效益

（一）数字化成果获得公众、行业认可

“气象农事通”一线用户的亲身体验《跟着农机手抢收小麦》被《人民日报》报道、得到河南省人民政府官网转发。“气象农事通”部分功能已被成功转化为常态化的服务产品，由中国人寿财产保险股份有限公司河南省分公司整合开发，作为客服小程序“农服通”正式上线运行。“农业保险气象风险管控平台”受多家保险公司关注，行业注册用户涵盖 6 家保险公司 200 余人，河南省气象服务中心邀约国防科技大学专家，在河南省气象局与 6 家保险公司 20 余位业务骨干进行交流，答疑解惑，以“共建、共享、共用”为原则，依托平台共同探索农业保险气象风险保障新路径。图 3 为驻马店市政府向河南省气象局赠送锦旗。

图 3　驻马店市政府向河南省气象局赠送锦旗

（二）以解决问题为目标，坚持以“解剖麻雀”精神做好专业服务

6 月 27 日，河南省人民政府办公厅在《关于进一步做好巨灾保险试点工作的通知》中，明确指出加快推动建立河南省巨灾保险气象研究中心。在此背景下，河南省气象服务中心将继续坚持以研究型业务为基础，依托精细化气象监测、预报数据，持续强化多行业服务能力；依托多行业服务优势，汇聚合力应对社会聚焦重大气象事件；完善服务反馈机制，丰富数字化建设成果，不断提升气象服务效能，助力防灾减损发挥实效，持续为河南省提供气象风险保障服务。

2023年6月11日宜昌市极端强对流天气服务案例

（湖北省）宜昌市气象局

祁　宏　熊德方　孟　芳　李　芳

2023年6月11日午后至夜间，湖北省宜昌市出现大范围雷雨大风、短时强降水和冰雹等强对流天气。宜昌市气象部门在本轮强对流天气过程气象服务中，坚持上下联动、滚动预报、及时预警的服务机制，发挥了气象防灾减灾第一道防线作用。

一、基本情况

2023年6月11日午后至夜间，宜昌自西北向东南出现雷雨大风、短时强降水和冰雹等强对流天气，呈现以下特点。

（一）突发性强，强降水与大风落区重叠度高

此次强对流天气过程从6月11日18—21时，自西北向东南依次影响宜昌，各地强对流天气影响时间短暂；强降雨区主要位于远安、夷陵区、市城区、秭归、宜都、枝江西部、长阳东部和五峰东部，大风区主要位于兴山、秭归、夷陵区、市城区、远安、长阳、宜都、枝江、当阳，强降水与大风落区高度重叠。

（二）风大雨急，极端性强

此次天气过程，全市有45站极大风速≥17.2米/秒，55站降雨量≥50毫米。其中阵风带自西向东移动，三峡坝区坛子岭站在18:20左右风力开始增大，18:30极大风达到最大值23.5米/秒；夷陵区和市城区风力在19:10左右开始加强，夷陵国家站于19:50极大风达到最大值36.1米/秒（12级），并打破本站历史纪录，点军区牛扎坪站极大风达30.6米/秒（11级）。夷陵区龙泉山村站、城区葛洲坝站19:10—19:30这20分钟累计雨量分别为50.3毫米、37.8毫米；过程最大小时雨强达81.4毫米/小时，出现在6月11日19:00—20:00夷陵区龙泉山村站（图1～图3）。

此外，秭归郭家坝镇、杨林桥镇、九畹溪镇3个乡镇在6月11日午后出现冰雹。

（三）灾害种类多，但无人员伤亡

据宜昌市应急管理局通报，受此次强对流天气过程影响，宜昌市夷陵区、西陵区、兴山县、宜都市、五峰县、远安县、长阳县、点军区、高新区9个县（市、区）出现不同程度的大风、暴雨、冰雹等灾情。主要体现在农作物倒伏、树木折断、遮阳棚受损、房屋倒损、部分电力中断、道路垮塌等，未出现人员伤亡（图4）。全市共有58231人受灾，紧急避险转移26人，紧急转移安置7人；玉米、蔬菜等农作物受灾面积3993.67公顷，其中成灾面积1295.9公顷，绝收面积355.3公顷；倒塌房屋2户9间，严重损坏房屋20户55间，一般损坏房屋441户583间。灾害造成直接经济损失4403.97万元，其中农业损失3213.77万元，家庭财产损失264.2万元，基础设施损失876万元，公共服务损失50万元。

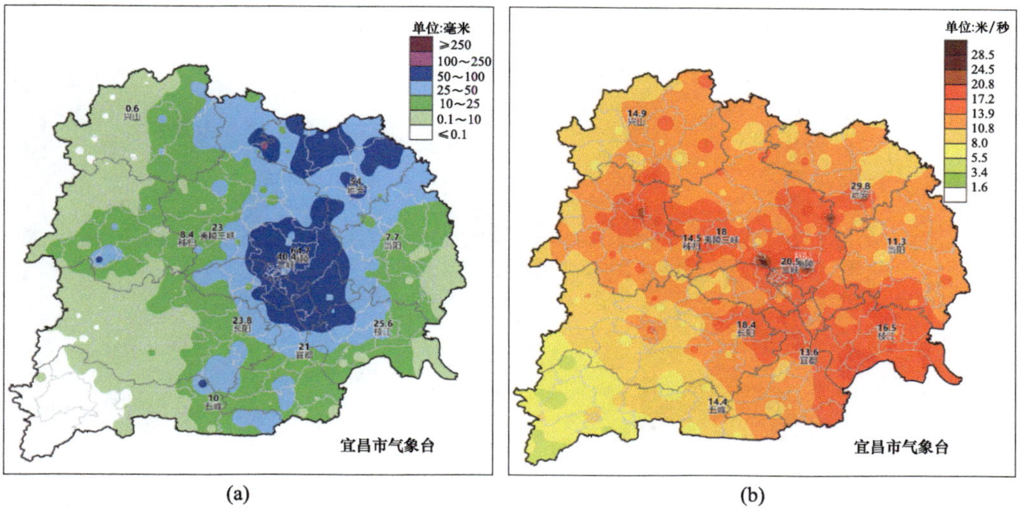

图 1　2023 年 6 月 11 日 08 时至 12 日 08 时宜昌市累计雨量图（a）、极大风实况图（b）

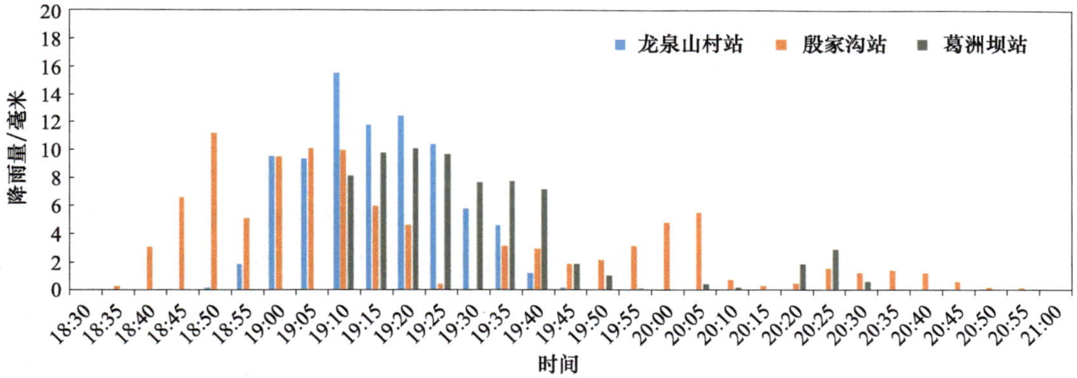

图 2　2023 年 6 月 11 日夷陵区龙泉山村站、远安县殷家沟站和城区葛洲坝站逐 5 分钟降雨量

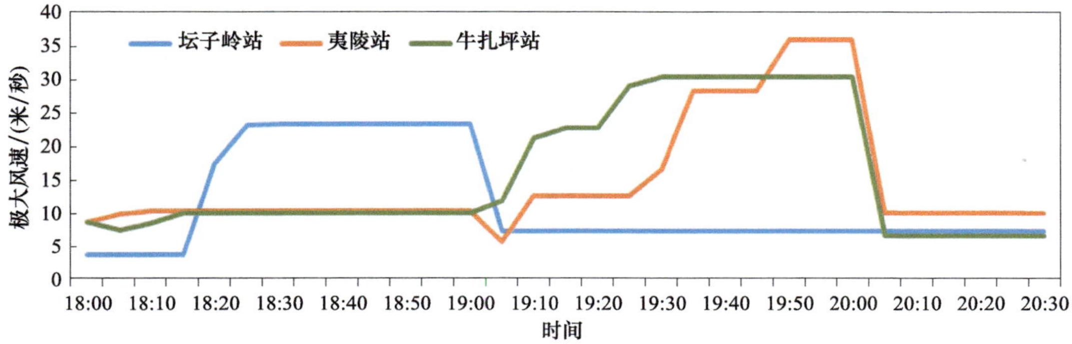

图 3　2023 年 6 月 11 日三峡坝区坛子岭站、夷陵站和城区牛扎坪站逐 5 分钟极大风速

图4　2023年6月11日宜昌市受灾情况

二、监测预报预警情况

（一）滚动预报广泛传播，下好预报"先手棋"

6月9日上午组织市、县两级气象台分析研判未来一周天气预报（图5），着重指出11－12日将有强对流天气，需加强关注，落实值班值守，做好气象服务。10日中午通过官方微信公众号、微博、抖音发布《一周天气简报》，预计11－12日有分散性阵雨或雷阵雨，局部伴有雷雨大风、短时强降水、冰雹等强对流天气。9－11日连续3天通过短信、12121语音、官方微信公众号、微博、抖音发布短期天气预报，均指出11－12日有分散性阵雨或雷阵雨，局部伴有雷雨大风、短时强降水、冰雹等强对流天气（图6）。宜昌市地方媒体也在第一时间转发预报。

图5　宜昌市气象台发布《一周天气简报》及媒体转发情况

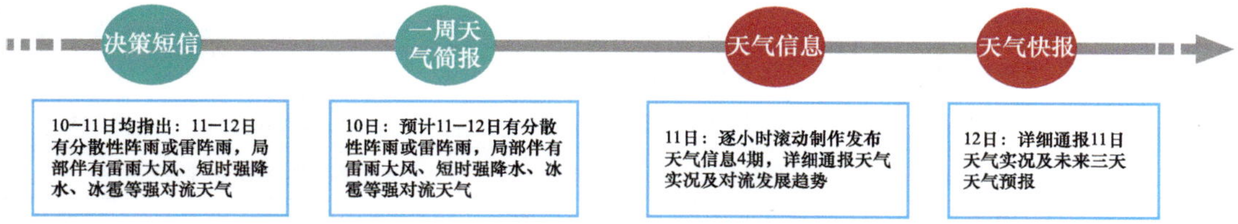

图 6　递进式预报服务流程图

（二）吹响预警“前哨”，织牢防灾减灾第一道“网”

针对本次强对流天气过程，各级气象部门上下联动，站好监测预警“前哨岗”，及时发布气象灾害预警信号。

在武汉中心气象台的指导下，过程期间（2023 年 6 月 11 日 08 时—12 日 08 时）市、县两级气象台本着“上级指导、属地发布”的原则，及时准确发布 27 期气象灾害预警信号（图 7），其中包括 9 期雷电黄色预警，1 期冰雹橙色预警，8 期暴雨橙色预警，8 期雷雨大风橙色预警，1 期雷雨大风红色预警。所有预警信号通过广播、电视、手机、传真、网络等多渠道发送至决策部门及社会公众，其中手机短信达 16 万余条。

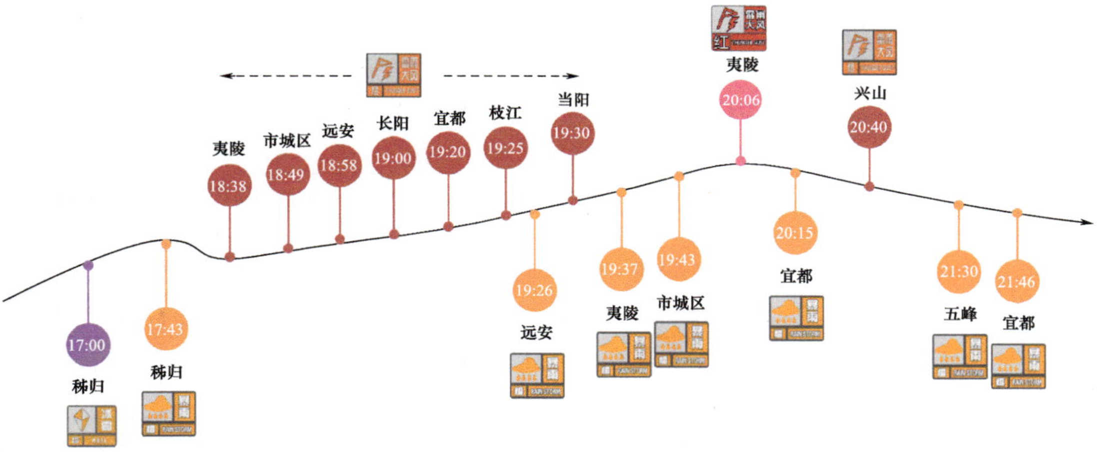

图 7　2023 年 6 月 11 日宜昌市强对流过程高级别预警发布时序图

三、气象服务情况

（一）递进式“叫应”服务，助力政府防汛调度动态调整

天气过程中，宜昌市气象局预报预警值班人员及值班领导通过电话、微信等多种方式向市应急局、市水利和湖泊局等重点责任单位开展“天气实况及短时预报、预警信号发布情况”“叫应”服务共计 31 次，并详细填写记录簿（表 1）。各重点责任单位收到预警信号和“叫应”服务后，严格落实领导带班制度，及时安排部署各项防范应对措施（图 8）。

表 1　宜昌市气象台“叫应”服务记录表

“叫应”对象	“叫应”时间	内容
市应急局（微信）	9 日 18:21	11—12 日宜昌有强对流天气
	10 日 18:33	11—12 日午后到夜间宜昌有雷雨大风、短时强降水等强对流天气
市应急局（电话）	11 日 18:51	宜昌市气象台发布宜昌市城区、夷陵、远安、长阳雷雨大风橙色预警信号
	11 日 19:17	远安县嫘祖镇小时雨量超过 30 毫米
	11 日 19:21	夷陵区有站点小时雨量超过 45 毫米
	11 日 19:27	远安县气象台、夷陵区气象台发布暴雨橙色预警信号
市应急局（电话）	11 日 19:47	夷陵区柏木坪站雨量超过 70 毫米
	11 日 20:04	夷陵区气象台发布雷雨大风红色预警信号，宜都市气象台发布暴雨橙色预警信号
	11 日 20:45	兴山县气象台发布雷雨大风橙色预警信号
	11 日 20:50	枝江市安福寺镇小时雨量超过 30 毫米，枝江市气象台已经发布暴雨橙色预警信号
	11 日 21:23	远安县殷家沟站累计雨量超过 100 毫米，预计未来仍有 20～40 毫米降水
	11 日 21:45	五峰县涨水坪站小时雨量超过 41 毫米，后续仍有 20～40 毫米降水；宜都市王家畈、潘家湾、枝城仍有 30～50 毫米降水
	11 日 21:55	宜都市气象台发布暴雨橙色预警信号，宜都南部乡镇仍有 50 毫米以上降水
市水利和湖泊局（电话）	11 日 18:59	市气象台发布雷雨大风橙色预警信号
	11 日 19:17	远安县嫘祖镇小时雨量超过 30 毫米
	11 日 19:27	远安县气象台、夷陵区气象台发布暴雨橙色预警信号
	11 日 19:49	夷陵区柏木坪站雨量超过 70 毫米
	11 日 20:46	兴山县和平站及北部乡镇小时雨量超过 20 毫米，夷陵区樟村坪回波较强，雨量超过 30 毫米
	11 日 20:51	枝江市安福寺镇小时雨量超过 30 毫米，枝江市气象台已经发布暴雨橙色预警信号
	11 日 21:23	远安县殷家沟站累计雨量超过 100 毫米，预计未来仍有 20～40 毫米降水
	11 日 21:42	五峰县涨水坪站小时雨量超过 41 毫米，后续仍有 20～40 毫米降水；宜都市王家畈、潘家湾、枝城仍有 30～50 毫米降水
	11 日 21:56	宜都市气象台发布暴雨橙色预警信号，宜都南部乡镇仍有 50 毫米以上降水
宜昌防汛指挥群（微信）	11 月 18:34	目前长阳都镇湾镇，秭归—夷陵南部—宜昌市城区，远安县有强对流回波，前述地区有雷雨大风、短时强降水天气
	11 月 18:50	宜昌市气象台发布雷雨大风橙色预警信号
	11 月 18:58	今晚全市自西北向东南均有强对流天气
	11 月 20:24	当阳、枝江、宜都、高新白洋工业园将出现雷雨大风
	11 月 20:25	《天气信息》
	11 月 21:37	《天气信息》
	11 月 22:22	《天气信息》
	11 月 23:13	《天气信息》，目前宜昌市城区及周边降水已经减弱，解除上述地区发布的暴雨橙色预警信号
	11 月 23:14	6 月 11 日天气实况及未来 2 小时天气预报

图 8　微信“叫应”服务情况

（二）快速传递雨情，助力临灾应急部署靶向施策

宜昌市气象台自主研制的“宜昌市临灾预警雨情信息统计系统”，基于湖北天擎大数据支撑系统，实现本地降雨、大风等天气实况的快速查询统计，并自动生成规范的“雨情信息”材料，实现了《天气信息》《天气快报》等迅速传递（图 9）。本次天气过程中，宜昌市气象台在 6 月 11 日 20—23 时向市应急管理局、市水利和湖泊局逐小时提供《天气信息》4 期，开展了降雨情况及天气发展趋势快速通报；12 日早晨 07 时制作发布《天气快报》1 期，详细通报天气实况、未来三天天气预报。图文表并茂的雨情信息为政府领导及防汛应急部门靶向决策指挥、应急救援等提供了高效便捷的气象保障支撑。

图 9　逐小时更新雨情信息

（三）深度复盘，总结气象服务实践经验

过程结束后，宜昌市气象局及时组织市、县两级气象部门开展技术、服务复盘总结会（图 10），认真总结“6·11”强对流天气过程预报预警及服务流程的经验做法，查找反思存在的短板和不足，并撰写个例复盘和服务复盘总结报告，其中技术复盘《2023 年 6 月 11 日宜昌强对流大风及暴雨过程成因分析》入选湖北省 2023 年度“十佳技术复盘论文”及《湖北省高影响天气监测预报服务技术复盘文集（2023 年）》（图 11）。此外，根据宜昌市防汛抗旱指挥部办公室的要求，基于宜昌市气象局《重大灾害性天气“叫应”服务标准和工作流程规范》，进一步修订完善了雷雨大风业务流程及“叫应”服务标准，为宜昌地区决策部门更好地防御雷雨大风天气提供科学准确的参考。

图 10　组织开展“6·11”强对流天气复盘总结会

湖北省高影响天气监测预报服务技术复盘文集

（2023 年）

湖北省气象局

2023 年 11 月

目　录

图 11　技术复盘入选《湖北省高影响天气监测预报服务技术复盘文集（2023 年）》

四、气象防灾减灾效益

宜昌市县（市、区）及所属各乡镇党委政府高度重视气象预警，积极响应，及时调度，排查隐患。整个天气过程期间，气象部门第一时间连续发布灾害性天气预警信号，宜昌市委书记到岗调度，通过视频实时察看城市运行和重点区域大风降雨情况，联系市气象、应急等部门，了解天气发展趋势和防范应对措施落实情况，安排部署应急准备和抗灾抢险工作，最终无人员伤亡，最大限度地减少了灾害损失，气象服务得到了领导和公众的肯定。

（一）救援情况

1. 科学调度、周密部署。宜昌市委书记熊征宇第一时间到市委值班调度室实时察看城市运行和重点区域大风降雨情况，了解天气发展趋势和防范应对措施落实情况，部署应急准备和抗灾抢险工作。市长马泽江就抓好各项工作落实进行安排。市委常委叶杨，副市长、市公安局局长上官福令迅即前往市防汛抗旱指挥部带班值守，调度防汛救灾、应急救援等工作，并召集应急、城管、住建、林业等部门会商复盘，对下一步工作进行安排部署。

2. 快速行动、有效处置。收到暴雨橙色预警后，各地各部门严格落实县级领导带班制度，强化会商调度、抽查检查等防范应对措施。夷陵、西陵、伍家岗、点军、猇亭、宜昌高新区负责人按照要求进岗指挥。市水利、自然资源、住建、交通、文旅等部门带班领导进岗调度行业防汛工作。

3. 加强值守、靠前督导。各地各部门迅速行动，全力抓好各项防范应对措施落地。市应急部门调度强降雨地区，要求尽快做好积水抽排、电力恢复、交通疏导等市容秩序恢复工作；市住建部门督促城区140个在建项目停止施工，出动130余人排查抢险，清理被大风吹倒的围挡；市城管部门出动防汛应急人员350人次、环卫人员800名、应急车辆35台开展城市排涝、雨水口清掏和倒伏树木清理工作；市交通部门投入巡查养护人员160人次、巡查车辆53台次，加强对船舶航行安全的巡查检查和临水临崖路段、施工路段等重点点位的隐患排查；市公安部门积极处置110报警145起；市林业部门出动839人次开展排险清障工作；市消防部门出动消防车7辆次，消防救援人员43人次，营救疏散20多名被困群众；市气象部门第一时间发布雷雨大风及暴雨橙色等各类预警27期。

（二）思考与启示

针对本次宜昌市强对流天气过程，市、县两级气象台全力落实“递进式预报、渐进式预警、跟进式服务”的气象服务机制，对宜昌市气象部门应对灾害性天气过程具有十分重要的参考价值和现实意义。

1. “预报精准”是发挥气象防灾减灾第一道防线作用的基本前提。预报的准确性，是气象监测预报预警的生命力所在；预警的提前量，是气象防灾减灾的基础性和先导性的体现。市气象台首席预报员结合自身丰富的预报经验及数值模式预报产品，提前两天研判此次强对流天气过程。6月9日上午组织的市、县两级天气会商中，着重强调11—12日将有强对流天气，需加强关注，落实值班值守，做好气象服务。通过多平台发布的《一周天气简报》及短期天气预报均指出11—12日有分散性阵雨或雷阵雨，局部伴有雷雨大风、短时强降水、冰雹等强对流天气，宜昌市地方媒体也在第一时间转发预报。根据当天的天气形势和强对流潜势分析，结合卫星云图、雷达回波和自动站雨量监测等，市、县两级气象台及时准确发布气象预警信号和风险提示，预警信号落区、强度预报准确，平均提前量在 30 分钟以上。

2. “服务精细”是发挥气象防灾减灾第一道防线作用的根本要求。气象部门不仅要发挥好气象灾害防御“消息树”作用，更要成为党委政府气象防灾减灾行动的“信号枪”。本次强对流天气过程的发生时段处于公众周末返程高峰期，影响范围较大，因此，市、县两级气象部门在 6 月 11 日强对流天气发生的初始阶段，根据宜昌市气象局《重大灾害性天气“叫应”服务标准和工作流程规范》，积极开展多层级、多频次的“叫应”服务，及时通报天气信息、天气发展趋势及预警信号发布情况，过程期间仅市气象台电话“叫应”就达 59 次。

3. “部门联动”是发挥气象防灾减灾第一道防线作用的关键所在。气象灾害影响范围大，应急管理关联性强，需要加强气象监测预报预警组织部署，应急指挥、舆情控制等多责任部门间共享共建的联动机制。此次过程，接气象橙色预警信息后，预警范围内的各县（市、区）党委政府、市直相关部门分管领导坐镇指挥调度、组织会商、安排部署应急处置，严防地质灾害和城市内涝，及时清理道路积水、倒伏树木，转移安抚受困受灾人员。据了解，在灾害性天气预警信号发布后 15 分钟内，宜昌市城区防汛抗旱指挥部办公室就出动防汛应急队伍 300 人到达应急点位开展排涝处置。

4. “信息传递”是发挥气象防灾减灾第一道防线作用的重要媒介。预警信号及气象科普等气象信息需要“线上＋线下”多途径广泛传播。宜昌市气象局实现湖北省突发事件预警信息发布系统与宜昌市“城市大脑”政务服务平台、宜昌市融媒体平台等各类信息发布平台对接，监测预报预警发布范围更加广泛，同时建立了预警信息的地方媒体响应联动机制。6 月 11 日气象台发布气象预警信息之后，宜昌市党政、都市媒体第一时间广泛传播宜昌市气象台发布的灾害性天气预警信号，三峡广播电视台总编室安排专人接收气象预警信息，全天不间断对外发布预警信息。将全市社区网格员纳入预警发布对象，通过网格员实现预警信号实时转发，预警信息快速直达社区居民和农村村组居民微信。

5. “气象科普”是发挥气象防灾减灾第一道防线作用的现实需求。气象防灾减灾需要“社会参与”，加强气象科普宣传，对提升社会公众科学防灾避灾、自救互救能力及降低自然灾害损失至关重要。市气象局多次组织并参与应急、农业、社区等单位的气象宣传科普活动及灾害防御知识专题讲座。本次天气过程中，市应急管理局多途径发布预警防范提示，但发现依旧存在部分群众气象防灾意识淡薄、对气象预警信息理解出现偏差等问题，应进一步加大对气象科普的宣传力度，最大程度减少灾害损失。

2023年6月16—25日湖南持续性暴雨大暴雨过程气象服务案例

湖南省气象台

王青霞　陈静静　赵恩榕

湖南遭受2023年入汛以来最强降雨过程，全省自北向南出现持续性暴雨大暴雨天气，部分地区出现山洪地质灾害、城市内涝，湘江中上游出现超警洪水及多座中小水库溢洪。全省气象部门全力以赴做好气象监测预报预警服务，提前避让地质灾害3起，避免伤亡十余人，同时加强水工程调度，成功将暴雨变成喜雨，最大可能增加蓄水，为全省农业生产、电力“迎峰度夏”等奠定基础。毛伟明省长6月27日批示：“应对有效，值得肯定。”

一、基本情况

（一）雨情

2023年6月16日至25日区域性暴雨大暴雨过程呈现四个特点：一是持续时间长。连续10天都出现暴雨大暴雨天气。二是累计雨量大、影响范围广（图1）。全省平均面雨量138.4毫米，100毫米以上笼罩面积14.01万平方千米（1287个乡镇），200毫米以上笼罩面积3.57万平方千米（360个乡镇），17个县57个乡镇86站超过300毫米，攸县、嘉禾、江华、江永4个县7站超过400毫米，攸县湖南坳乡最大雨量474.7毫米。三是单点夜雨极端性强。小时雨强最大91毫米/小时，3小时雨量最大169.8毫米，6小时雨量最大214.3毫米，均发生于夜间。日雨量最大225.2毫米。四是部分落区重叠度高、致灾性强。21日至25日暴雨大暴雨落区在永州、郴州、衡阳、株洲地区高度重叠。根据评估，此次区域性暴雨过程排1961年以来第34位，达到“特强”等级。

（二）灾情

区域性暴雨过程期间共接报18起地质灾害，多地出现城市内涝（图2），湘江中上游干流和支流出现3～4米河水涨幅，潇水、舂陵水、洣水3个支流出现超警洪水，178座（永州140座、郴州38座）水库溢洪。截至6月26日08时，全省41.5万人受灾，紧急避险转移11926人，倒塌和严重损坏房屋193户506间，农作物受灾面积33.83万亩，直接经济损失3.9亿元，未出现人员伤亡。

根据监测评估，气象干旱极大缓解；相比15日中旱减少62县、重旱减少35县、特旱减少11县。

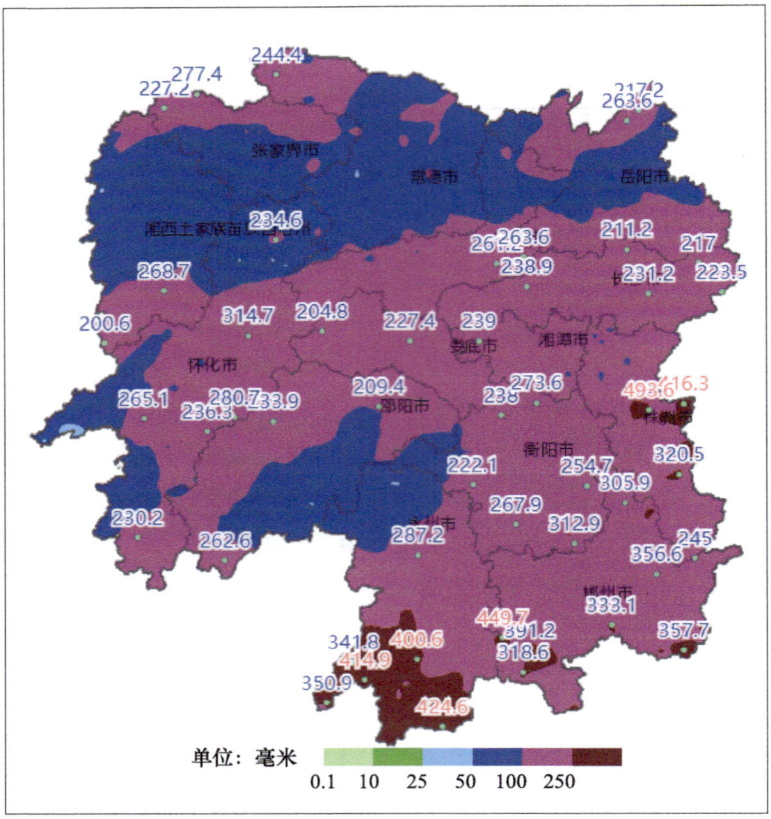

图 1　2022 年 6 月 16 日 08 时—26 日 08 时湖南累计雨量实况

图 2　湖南暴雨灾情实况

二、监测预报预警情况

针对本轮过程，湖南省气象局共发布决策气象服务材料 11 期，提前 4 天对过程进行预报，其中 6 月 16 日、21 日在过程开始和最强时段连续发布《重大气象信息专报》开展服务。强降水过程期间，基于风云地球和雷达观测模式试验等试点成果，以及预警信号早期识别等项目成果，准确预报 21 日最强降雨中心，省气象台 24 小时暴雨 TS 评分 0.131，相对国家级指导预报（TS=0.096）为正技巧。

通过 12379 平台面向全省防汛抗旱责任人发送重要警示信息 472 期，省级暴雨预警 17 期，暴雨、大风、雷雨大风等预警信号 581 期，乡镇暴雨临灾警报 557 期。面向社会公众靶向发布暴雨红色预警信号 36 县次（56 乡镇次），乡镇暴雨临灾红色警报 91 乡镇次，实现预警信息到村、到户、到人。据复盘分析，暴雨短期落区预报提前 192 分钟，预警信号提前 103 分钟。

三、气象服务情况

一是省部领导高位组织调度防汛抗灾。湖南省气象局 6 月 16 日、21 日发布《重大气象信息专报》指出“16 日至 25 日我省进入雨水集中期”“21 日至 25 日为降雨最强时段”。

湖南省委书记沈晓明、省长毛伟明、常务副省长李殿勋以及省委常委/副省长张迎春等省领导均作出指示批示，中国气象局局长陈振林等局领导多次指示指导。省委常委/副省长张迎春 3 次主持全省防汛抗灾调度会。省气象局 6 月 16 日 16 时启动暴雨Ⅳ级应急响应，18 日 18 时提升为Ⅲ级。省防汛抗旱指挥部 17 日 20 时启动全省防汛Ⅳ级应急响应，23 日 12 时提升为Ⅲ级。

二是协同联防做好“631”预报预警“叫应”。省、市、县气象部门上下协同全力做好“631”（省级 6 小时风险预警，设区市级 3 小时风险通报，县级 1 小时风险“叫应”）预报预警“叫应”，共发布省级暴雨预警、县级预警信号和暴雨临灾警报 277.78 万人次，面向社会公众靶向发布红色预警信息 276.72 万人次，“叫应”各级党政领导等 1867 次。联合水利部门发布山洪气象风险预警 9 期；联合自然资源部门发布地质灾害气象风险预警 10 期、面向切坡建房户发布短临地质灾害预警 37.33 万人次；联合农业农村部门发布农业气象灾害风险预警 2 期，全力做好水稻等作物淹涝和早稻“大雨洗花”危害防范。

三是积极加强水工程调度精细气象服务。6 月 16 日《重大气象信息专报》精准预判提醒“警惕湘江中上游、资水上游、沅水上游河水陡涨和致洪风险”，18 日至 25 日每日参加水利调度专题会商，全过程分析研判流域面雨量预报和风险，精细服务水工程调度。针对 24 日至 25 日湘江支流潇水双牌水库泄洪腾库关键节点服务需求，省气象局发布 2 期决策专题服务材料，为政府统筹开展湘江中上游流域防洪、增蓄等水利工程科学调度提供精细面雨量、风险预估气象监测预报服务。

四是联动主流媒体开展气象科普宣传。联合《湖南日报》、《三湘都市报》、华声在线等省主流媒体发布预报预警、科普解读、典型案例等相关稿件 60 余篇，《以“时时放心不下”的责任感筑牢防灾减灾第一道防线》《气象科技硬核　迎战“端午水”》《暴雨临灾警报精准到乡镇（街道）准确率超 90%》《张迎春：全力夺取此轮强降雨防御工作全面胜利》等报道反响很好。湖南天气微博创建“湖南有持续性暴雨大暴雨”“湖南 5 市有暴雨”等话题，频频登上同城热搜榜。

四、气象防灾减灾效益

气象部门在防汛工作中充分发挥“第一道防线”职责。在准确预报、及时预警的基础上，省、市、县三级气象部门面向党政领导和防汛抗旱指挥部门、应急、自然资源、水利、城建等部门以及重点乡镇开展的“叫应”服务，由于转移及时，成功避险 4 起地质灾害，实现了人员零伤亡。同时根据气象部门提供的高频气象服务，水利、电力部门根据气象预报服务信息，提前采取发电腾库迎洪措施，累计腾库容5.81亿立方米，增发电量0.78亿千瓦时。全省各类水利工程共计增加蓄水量36亿立方米，气象严重干旱全部缓解。本次过程气象服务受到省委书记沈晓明等省领导批示5次，毛伟明省长评价“应对有效，值得肯定”。

五、案例复盘分析

（一）永州市双牌水库泄洪气象服务

6月24日上午根据湖南省气象局和省水利厅会商意见，永州市气象部门与双牌水库开展研判会商，预计24日晚双牌水库入流将有显著增加。根据上游面雨量监测和预报情况，双牌水库于24日21时，将闸门增至5孔全开，总出库流量由1350米^3/秒增至1950米^3/秒，25日20时增至8孔全开，出库流量增至4000米^3/秒，永州市委书记连夜调度人员转移和湘江洪水防御工作，期间市局全程在防汛办参与值班值守。截至26日08时，双牌水库水位在汛限水位以下，蓄水量3.25亿立方米，统筹做好安全度汛和蓄洪保水工作。

（二）常德市石门县壶瓶山镇泥石流灾害气象服务

6月18日12—16时，壶瓶山镇泥沙社区、桐木山村、龙池河发生3起泥石流灾害。16日凌晨至18日16时，壶瓶山镇累计降雨量达189.9毫米。市、县气象部门约提前3小时发布暴雨黄色预警信号，提前2小时28分钟发布橙色预警信号，提前1小时22分钟发布红色预警信号；提前1小时左右发布临灾警报和地质灾害短临预警。常德市气象局提前1～2小时电话“叫应”市防汛办、自然资源局；石门县气象局提前2小时左右“叫应”县应急、水利、自然资源局，以及县委书记、县长、县委常委、副县长等县领导。

（三）湘西州泸溪县小章乡和吉首市河溪镇滑坡灾害气象服务

6月18日22时左右泸溪县瓦曹村阳龙寨发生滑坡地质灾害，4人成功避险。小章乡降雨从18日19时开始，20时加强，20时至23时3小时累计降雨量达141.2毫米，小时雨强最大为52.3毫米/小时（18日22时至23时）。湘西州气象局提前1小时25分钟发布暴雨黄色预警信号，提前2小时发布暴雨红色预警信号和靶向发布。泸溪县气象局提前2小时25分钟、1小时35分钟发布暴雨橙色和红色临灾警报；同时泸溪县气象局电话“叫应”相关部门23次，局领导与县委书记、常务副县长等县领导一同值守，并实时开展现场汇报。

6月19日01时左右吉首市河溪社区发生滑坡地质灾害，2人成功避险。河溪镇降雨从18日18时开始，19时加强，18日18时至19日00时6小时累计降雨量209.8毫米，小时雨强最大为72.8毫米/小时（18日20时至21时）。吉首市气象局提前2小时35分钟、1小时45分钟发布暴雨橙色和红色临灾警报。吉首市气象局局长开展2次现场防汛会，向市领导开展汇报服务，提前3～6小时“叫应”县领导，期间值班人员对县防汛、水利、自然资源等部门开展电话“叫应”89次。

国省市县高效联动做好台风“海葵”气象服务 广东有效防御历史9月最强暴雨过程

广东省气象台

兰　宇　梁巧倩　杨国杰　周芯玉　王　凤

2023年第11号台风“海葵”先后登陆台湾省、福建省和广东省，其残涡在广东长时间滞留，给广东带来了长达8天的持续性强降水，珠三角核心区的深圳、佛山、肇庆等地突破当地日雨量历史记录，成为广东历史上9月最强降水，给广东造成了严重的暴雨灾害。广东省气象部门认真贯彻习近平总书记关于防汛救灾工作重要指示精神，落实中国气象局和广东省委省政府的部署，在中国气象局的指导下提前研判、精准预报、及时预警，联合农林、水利、交通等部门积极抗台防雨，有效应对台风极端暴雨及其衍生灾害，最大限度减轻对生产生活带来的影响。

一、台风“海葵”造成广东9月最强降水

2023年第11号台风“海葵”于8月28日在菲律宾以东的西北太平洋洋面上生成，随后向西偏北方向移动并逐渐加强为超强台风，先后在台湾省、福建省和广东省三次登陆。台风“海葵”登陆粤东饶平后，其残涡长时间维持且自东向西横穿珠三角和粤西，给广东带来了长达8天的持续性强降水（图1），其中连续4天出现特大暴雨，珠三角核心区的深圳、佛山、肇庆等地突破当地日雨量历史记录（表1），阳江市阳西县累积雨量达851.5毫米。

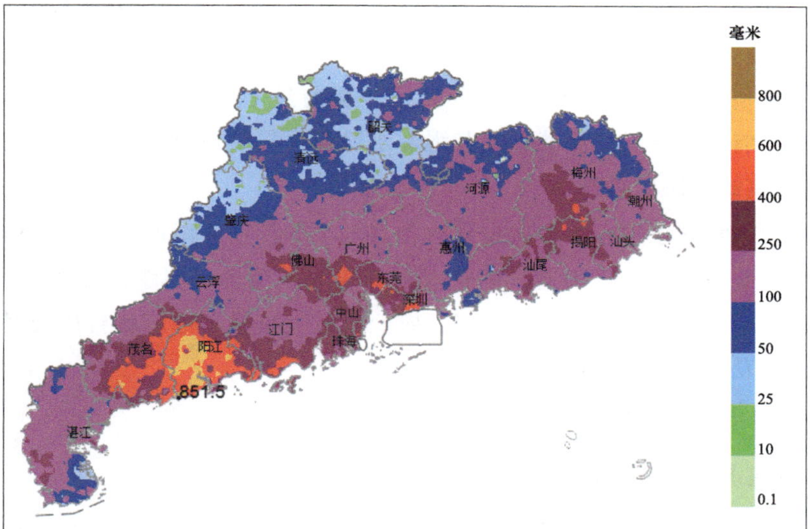

图1　2023年第11号台风“海葵”过程广东省累积雨量分布图

表 1　台风“海葵”降雨过程期间（2023 年 9 月 4 日 08 时—12 日 08 时）刷新各市雨量极值情况

极值类型	本次破极值雨量/毫米	地点
72 小时	619.0	深圳罗湖区东湖街道
48 小时	616.1	深圳罗湖区东湖街道
24 小时	435.1	佛山顺德区乐从镇
	429.6	肇庆高要区金利镇
	560.0	深圳罗湖区东湖街道
12 小时	339.4	肇庆高要区金利镇
	343.8	佛山高明区荷城街道
	465.5	深圳罗湖区东湖街道
6 小时	355.2	深圳罗湖区东门街道
3 小时	246.8	深圳盐田区沙头角街道
2 小时	195.8	深圳盐田区沙头角街道
1 小时	158.1	香港天文台

此次过程是广东历史上 9 月最强降水，具有“持续时间长、累积雨量大、极端降水强、夜雨明显”特点，造成广东 18 个地（市）洪涝灾害，多地出现停航停运、停工停课，直接经济损失 38.1 亿元，受灾人口 54.5 万人。

二、精准预报支撑台风灾害防御部署

（一）提前研判，精准预报

广东省气象局密切关注热带系统的发展，提前 10 天以上预报出广东可能受热带系统影响，提前 5 天组织首席团队联合会商研判，指出台风“海葵”可能给广东造成严重风雨影响，同时预报了“海葵”和“苏拉”的双台风效应，重点关注台风减弱后残涡环流可能引起的持续强降水。精准的预报为优质服务奠定基础，过程 24 小时暴雨以上预报 TS 评分 0.426，优于广东 2023 年全年暴雨 TS 评分值（0.21）；台风预警、风球信号升降级得当，暴雨预警信号发布及时，全省平均暴雨预警信号提前量 76 分钟，较全年平均（58 分钟）有更加充足的提前量。台风“海葵”及其强降水过程预报获预报员联盟优秀案例一等奖。

（二）强化联动、协同防御

过程中得到国家气象中心的多次指导，尤其是“海葵”降雨的极端性提醒；通过省市加密会商、夜间潜势分析、现场追风强化对市县指导，茂名高州水库根据预报提前泄洪，把防御准备做在暴雨来临前；首次与住建、农业农村、交通等部门就台风及暴雨的影响开展联合会商，并发布相应风险预警。

三、精细服务支撑灾害防御精细调度

（一）递进服务，决策支撑

提前 5 天通过决策材料提醒省委省政府需警惕台风“海葵”将给广东造成严重风雨影响，明确指出与“苏拉”不同的是，“海葵”防御首要重点是长时间强降水，其次才是大风。随后逐日对粤东、珠三角、粤西暴雨开始时间、具体影响地市、结束时间采用分阶段、分重点的递进预报，每日 2 期《重大气象信息快报》和 4 期《台风警报信息》向党政部门和省三防（防汛防旱防风）报告台风动态和风雨情况，广东省气象局主要负责人每天向省委省政府领导做好直通式服务，8 次参加广东省防风防汛工作视频会议（图 2）。共制作和发布《重大气象信息专报》1 期、《重大气象信息快报》17 期、《最新气象信息》22 份、《每日天气报告》10 期，通过短信、微信、传真等方式发送决策信息超 200 万人次，为各级政府部门科学防御调度提供了关键支撑。

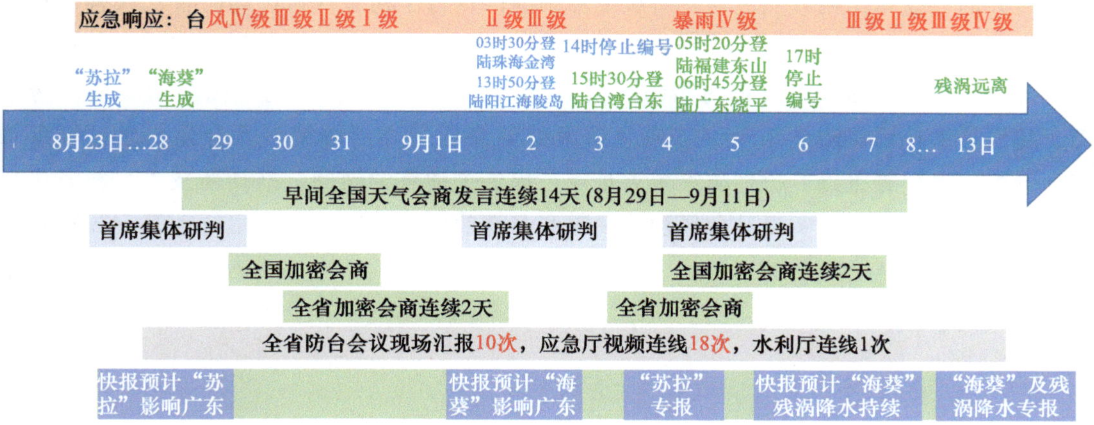

图 2　2023 年 11 号台风“海葵”决策服务节奏示意图

（二）加强宣传，科普引导

广东省气象局联合省三防办、应急管理厅、自然资源厅向广东省 21 个地市全网手机用户陆续发布台风“海葵”防御提醒短信超 8 亿人次，比历史上发布最多台风“山竹”1 亿和“杜苏芮”3.9 亿翻了数倍。首席专家通过媒体采访、现场直播等方式向公众提供台风动态和风雨防御，同时通过抖音、微信、微博等渠道开展台风天气解读和防灾减灾科普宣传工作，及时跟进极端强降雨实况，提醒关注灾害发生风险，引导公众主动防御，“广东天气”微博 3 个台风热点话题的累计阅读量达 4372 万人次，抖音短视频“次生灾害别大意”播放量达 111.7 万人次，连续 3 天登上抖音热搜榜。

四、台风暴雨防灾减灾效益

（一）气象服务得到政府部门认可

9 月 3 日中国气象局局长陈振林电话连线指导广东省台风防御工作，广东省领导多次主持召开广东省防风防汛工作视频会部署防御工作，要求气象部门做好相关预报预警。广东省气象局严格落实指示，及时准确地向省委省政府和省三防提供了台风“海葵”及其风雨预报，从台风登陆点、台风大风影响范围、降雨落区和量级等，为各级政府部门科学防御调度提供了关键支撑。如广东省水利部门依据最新降雨预报，协调珠江委调度福建棉花滩水库拦蓄洪水，避免了 30 万亩耕地受淹、20 万人转移；教育部门结合预警信号，组织深圳、珠海等地停学停课；海事、农业农村等部门组织渔船、海上作业人员及时回港避风。各地市开展基层责任人暴雨双重“叫应”，其中茂名市“叫应”300 余次，得到了基层责任人的“点赞”。基于准确预报和及时预警，广东省气象局联合多行业部门，有效应对台风极端暴雨及其衍生灾害，最大限度减轻对生产生活带来的影响，广东省气象局被省政府领导批示表扬，潮州、深圳、佛山、茂名等市气象局也收到了政府表扬批示或感谢信。

（二）及时复盘总结提升预报服务能力

过程结束后一周，广东省气象局及时组织召开台风“海葵”过程复盘总结会，回顾本次过程期间气象监测预报预警及服务过程中取得的经验、存在的问题，参加国家气象中心组织召开的复盘总结视频交流会，对极端暴雨成因进行了初步探讨。同时首次联合广东省农村农业厅针对台风“海葵”预报服务、农业影响及防御等开展跨部门过程复盘；首次与住建部门开展台风强降雨过程内涝防御复盘联席会，推动双方在构建强降雨城市内涝模型、建设防洪排涝协防体系及完善应急预案处置流程等方面继续深入合作。通过复盘总结，凝练预报预警重点，梳理防灾减灾难点，提炼关键科学问题，推动新技术、新方法在台风业务中的应用，切实提升台风预报预警和多部门协同防灾能力，用行动筑牢防灾减灾第一道防线。

构建精细化全链条气象保障服务体系
助力涉水景区突发山洪成功避险

广西壮族自治区气象局

黎惠金　钟　韬　李　蔚

2023年6月以来，广西多地遭遇局地强降雨，引发多起涉水景区突发山洪事件。广西气象部门深入贯彻落实习近平总书记关于防汛救灾重要指示精神，落实中国气象局和自治区党委政府相关部署，坚持"人民至上、生命至上"，强化风险意识、底线思维和极限思维，构建了针对涉水景区突发山洪防灾救灾的精细化全链条气象保障服务体系，充分发挥气象防灾减灾第一道防线作用，为游客紧急避险赢得先机，有效避免人员伤亡，以实际行动检验主题教育成效，得到了各级政府的充分肯定。

一、基本情况

近年来，随着野外露营、溯溪等旅游方式的兴起，河滩、山沟小溪等涉水景区"清凉游"成为暑期游客游玩首选。而6—8月广西正处于防汛关键期，局地强降水频发，山区地形复杂，更是"十里不同天"，极易出现下游天气晴好而上游突发强降水的天气。游客对上游天气变化毫无察觉，山洪突然下泄导致人员避险不及，或事发地突发强降雨引发山洪，游客转移不及时被冲走，从而造成重大人员伤亡，风险隐患极大。2023年6月6日、8月14日，广西南宁市武鸣区英俊大峡谷、上林县上水源、贺州市姑婆山景区等热门的涉水景区，分别出现了3起因短时强降雨引发的突发山洪灾害事件。其中1起是山洪暴发时事发地天气较好、无降雨，但上游出现了30毫米左右的短时强降雨，地方政府及景区工作人员提前收到预警，及时转移人员避险，无人因灾伤亡；2起是事发地出现强降雨，地方政府收到预警后提前管控进出景区通道，并及时劝离疏散游客，保证了游客安全。

二、气象服务应对情况

（一）提前锁定灾害影响边界，提早发出超阈值报警

提前收集涉水景点（含野生景点）经纬度，通过米级遥感数据及3S技术研究出涉水景点灾害影响边界，利用水文模拟和智能算法，建立了涉水景区基于位置、不同时效致灾阈值和早期山洪预警识别指标，并将其纳入广西短临一体化平台、精细化暴雨灾害风险预警系统和突发事件预警信息发布平台等多个系统平台，开展服务和提醒。此3起突发山洪灾害事发前，短临一体化平台和精细化暴雨灾害风险预警系统均有报警，提示涉水景点灾害影响区即将发生超阈值的短时强降雨，可能引发景区山洪，建议立即采取防范应对措施。

（二）多举措发布灾害预警信息，筑牢第一道防线

值班员监控到超阈值短时强降雨提醒，结合雷达回波、自动站雨量等信息综合研判分

析后，果断发布暴雨预警信号或短时强降雨致灾提醒，启动重大突发灾害预警服务流程，依托广西突发事件预警信息发布平台向涉水景点灾害影响区域人群发布靶向预警短信，并通过靶向语音叫应系统向景区责任人、村支书进行自动语音呼叫提醒，同时电话“叫应”县应急局及相关乡镇领导，提醒做好景区山洪防范工作。

（三）地方政府及景区响应到位，全面保障游客安全

当地应急局和事发镇党委政府在接收到预警“叫应”信息后，立即组织镇村干部和志愿者配合景区工作人员开展应急处置，在可能发生山洪灾害的区域设立警示标志，管控进出山通道，并立即组织游客疏散；景区责任人或村支书在收到灾害预警信息后及时通知民宿负责人，提醒游客注意山洪、避免外出，同时安排村民敲锣打鼓提醒游客停止游玩游泳，及时往高处避险，避免了人员伤亡。

三、气象防灾减灾效益

（一）助力涉水景区突发山洪成功避险

2023年6月、8月广西南宁市武鸣区英俊大峡谷、上林县上水源、贺州市姑婆山景区等热门的涉水景区出现的3起涉水景区突发山洪灾害事件，由于气象部门信息捕捉及时，预报预警服务到位，地方政府及景区工作人员响应迅速，人员紧急转移避险及时，无人员伤亡。

（二）部门联动和社会响应更加规范有序

气象部门推动广西壮族自治区防汛抗旱指挥部出台了《广西壮族自治区暴雨预警和应急响应联动工作机制》，下发了《关于加强重点危险区域防汛“叫应”到户到人的通知》，确保了有“叫”、有“应”、有“为”。预警“叫应”机制的建立，明确了应急部门和基层政府对预警信息的传播职责，预警信息得以向更广泛人群进行二次传递，预警服务效果进一步提高。

（三）经验做法获批示肯定

中国气象局副局长曹晓钟在广西壮族自治区气象局上报的《关于近期多起涉水景区突发山洪成功避险服务情况的报告》上批示，“服务效益明显，经验值得总结交流”。

气象先导强联动 “泰利”防台显成效

海南省气象局

施 思 郭冬艳 翁小芳

2023 年 7 月 16—18 日，当年首个登陆我国的台风“泰利”给海南省带来明显风雨影响。海南省气象局认真贯彻落实习近平总书记关于防汛救灾的重要指示精神和中国气象局、海南省委省政府防御台风“泰利”工作的重要部署，坚持“人民至上、生命至上”，主动、互动、联动抗击台风，全力以赴做好监测预报预警服务，筑牢气象防灾减灾第一道防线。

一、台风“泰利”影响

台风“泰利”于 7 月 17 日以台风级强度擦过海南省近海，距文昌最近约 110 千米，给海南省东北部沿海带来持续大风，最大阵风 13 级（37.1 米/秒），并给海南岛西北半部地区带来大暴雨天气，共 7 个市（县）25 个乡镇（区）雨量超过 200 毫米，最大为东方市八所镇，307.0 毫米，最大雨强 100.4 毫米/小时，出现在儋州市洋浦经济开发区（图 1）。

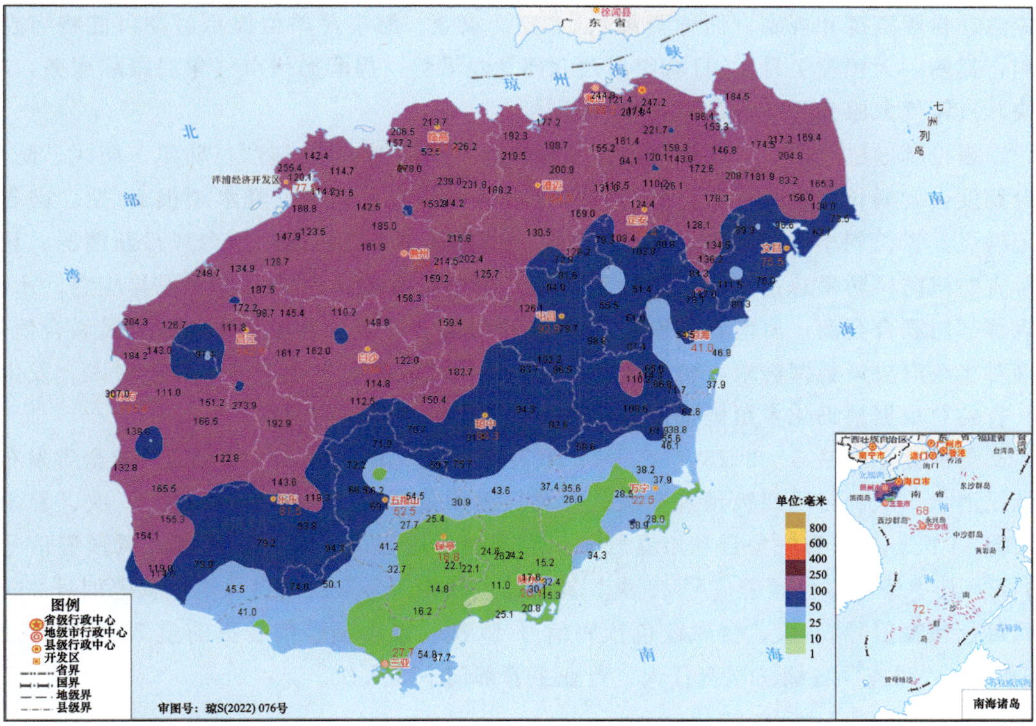

图 1 2023 年 7 月 15 日 20 时—18 日 15 时海南省降雨量

（图中红色数字为城区测站雨量，黑色数字为乡镇自动站雨量）

另外，17日上午，受台风“泰利”外围环流影响，儋州市和庆镇美灵村发生了强度为EF2级的龙卷天气（图2），龙卷直径约150米，移动路径长度约800米，持续时间6分钟。

图2　儋州市和庆镇美灵村EF2级龙卷

台风“泰利”共造成海南省53071人受灾，其中紧急避险转移人口和紧急转移安置51907人；农作物受灾面积达258.76公顷，其中农作物绝收面积达16.87公顷；直接经济损失约3416.76万元。

二、监测预报预警情况

一是提前准确研判。依托自主研发的热带低压生成潜势预报产品，在低压生成前3天向应急、自然资源和规划（简称资规）、水务、农业、海事等单位提示后期可能将有台风影响；提前一天预报7月17日海南岛西北部龙卷潜势，提醒儋州市气象局跟踪服务，“早准快”决策气象服务为防御台风抢出时间。

二是持续递进服务。海南省气象局领导先后9次参加省“三防”（防汛、防风、防旱）防台调度会，局长辛吉武逐2小时向省领导报送高风险乡镇定量降水预报14期，向省委书记冯飞、省长刘小明、常务副省长沈丹阳、省委秘书长巴特尔汇报台风最新情况。认真履行省防汛防风防旱总指挥部（简称省防总）副总指挥职责，进一步加强与应急、水务、资规等部门联合会商，海南省气象局领导24小时驻守省防总参加全省防御台风联合值守，无缝对接政府决策指挥需求，快速滚动订正，细化气象灾害发生区域、发生时段、发生强度，省防总根据精细化乡镇短临预警，第一时间开展精准防御调度。

三是预警及时精准。2023年7月14日11时至18日15时，气象部门共向全省发布热带低压消息4次、台风四级预警8次、台风三级预警6次、台风二级预警10次、暴雨三级预警14次。海南省气象台和市县气象局发布台风、雷电、暴雨和雷雨大风预警信号共163条，其中暴雨橙色预警信号28次、暴雨红色预警信号5次，台风橙色预警信号26次、台风黄色预警信号34次、台风蓝色预警信号40次。暴雨预警信号提前量70分钟、命中率100%。“叫应”各级防汛责任人、行业主管部门375人次。

三、气象服务情况

（一）海南省领导莅临气象一线为防台工作指方向

海南省领导在7月14日省委常委会上对气象防台工作提出具体指导意见；15日省长

刘小明及省委副书记、副省长、省防总总指挥沈丹阳在海南省气象预报预警中心召开全省防台工作视频调度会（图 3），强调气象部门要更加突出临灾预警“叫应”的精准性、预警和应急响应联动的及时性；16 日，副省长倪强赴儋州市气象局指导调度全市防台工作。

图 3　省长刘小明在海南省气象预报预警中心开展防台调度

（二）强化风险预警，政府提前划定防范重点

滚动发布重要气象信息报告 8 期，按台风进程递进式开展防御建议提醒，重点强化强风雨天气对渔业、建筑工地、城市交通、海峡通航、涉水涉山旅游设施影响预报。深化风险普查成果应用，制作气象综合预警产品和水库流域气象风险预警 11 期。特色气象服务中心面向海南橡胶集团及胶农发布橡胶生产服务专报，指导加固橡胶树防止大风倒伏，做好胶园防风雨管理工作，依据预报，各地胶园防护措施到位，有效降低经济损失。联合资规、水务、农业部门发布省级地质灾害、山洪、农业气象风险预警 10 条，省长刘小明对省气象局、农业农村厅联合发布农业气象风险预警工作点赞。

（三）深化应急联动，助力政府部署和部门联防

认真履行省防总副总指挥职责，进一步加强与应急、水务、资规等部门联合会商，气象局领导 24 小时驻守省防总参加全省防御台风联合值守，无缝对接政府决策指挥需求，快速滚动订正，细化气象灾害发生区域、发生时段、发生强度，省防总根据精细化乡镇短临预警，第一时间开展精准防御调度。气象局领导陪同倪强副省长赴海口新海港督导检查台风“泰利”防范工作情况，各市县有序做好渔船回港避风、被困人员转移安置、水库港口巡查等工作。

（四）打造发布矩阵，广泛传播气象预报预警及科普

充分利用新闻发布会、直播、短视频、新闻稿等形式传播台风信息。海南省气象局领导参加全省 2023 年防汛防风抗旱形势和减灾救灾情况工作新闻发布会（图 4），介绍台风“泰利”路径和风雨影响预报。以省政府名义向全省 1325.3 万手机用户、90 余万电视用户发布“台风二级预警”。首次开展“海南气象”抖音、微博等新媒体网络直播，组织多位气象专家主动发声，在台风临近不同关键节点，连续3天直播，精准科普台风、暴雨预警标准及次生灾害防御知识，联合“海口发布”同步直播观看人数破30万人，“视听海南”调用直播视频总观看量超500万人次。

图4　海南省气象局领导参加全省2023年防汛防风抗旱形势和减灾救灾情况工作新闻发布会

四、气象防灾减灾效益

（一）科技成果为防台工作注入新动能

基于省重点实验室开放基金课题“龙卷母体风暴结构与演变特征及其对龙卷形成机理的研究”研究成果，首次在台风前强对流中成功预报出龙卷天气趋势，有力保障群众生命安全。深化“基于流域气象-水文响应的水库水位和库容变化预测”等研发成果应用，加快气象预报预警与水文、地质等多领域融合，滚动发布气象灾害综合风险产品和水库流域气象风险预警产品，为防灾部门提供防御滑坡、塌方、中小河流洪水、城市积涝等风险提示。

（二）多部门协同为海上防风调度保安全

省应急管理厅、气象局、农业农村厅、海南海事局等部门建立海上防台风联动机制，提早部署船只回港防风工作，打破了海上应急避险的被动局面。海南海事局以琼州海峡客滚船、旅游客船、渡口渡船、风电场施工船、危险品船、无动力船、长期锚泊船等为重点，组织辖区航运企业、涉水工程施工企业等单位召开防台会议，压实企业安全主体责任，督促及早制定防台措施。气象部门通过北斗卫星气象船载系统向全省28.65万船次渔船发送影响海洋的各类预警信息和海洋天气，通过12379国家突发事件预警信息发布系统向全省14722位渔民发送各类预警信息22次。7月15日20时前，农业农村厅完成全省16293艘纳管渔船、22943艘“三无”渔船、36631名渔民回港避风，应急联动响应快、综合执行力强，实现了“零伤亡、零风险”的目标。

（三）预警联动为防台工作筑屏障

海南省气象局认真落实中国气象局推动气象灾害预警联动机制建设要求，全面融入政府防灾减灾指挥决策系统，主动推动应急联动机制修订，联合省防总出台台风、暴雨防御工作指导意见。台风“泰利”防御期间，省、市、县各级防台应急响应紧跟气象预警等级，海口在全市范围内启动防台风“六停”措施（停课、停工、停运、停园、停业、停航），提前应对、狠抓落实，取得良好效果。省委书记冯飞对各单位防台工作高度赞赏，表示“大家担当作为，奋力拼搏，狠抓落实，齐心协力，众志成城，以各级干部的‘拼’，换来了百姓的平安，实现了‘不死人、少伤人、少损失’的既定目标，打了一场漂亮仗，为大家点赞，道一声辛苦”。

“叫应”直达！重庆市巫山县抱龙镇528名群众成功避险

（重庆市）巫山县气象局

高万泓　余　佳

2023年7月4日，受高空槽和副热带高压外围西南气流影响，重庆市巫山县出现区域性暴雨天气。在重庆市气象局和巫山县委县政府的正确领导下，巫山县气象局加强天气监测，精准预报研判，提前发布预警，及时开展“叫应”，全县上下统一部署、全面排查、积极应对，抱龙镇在收到气象预警信息后加强巡查，紧急避险转移群众528人，其中包括被洪水冲垮的3户沿河房屋中居住的17位居民，全县无一人因灾伤亡。

一、基本情况

（一）天气过程概况

7月3日20时—4日14时，重庆市巫山县出现强降水天气过程，全县累计降水量27.2～134.9毫米（图1），3个乡镇达大暴雨，14个乡镇达暴雨，其中抱龙镇4日03—06时3小时雨量达95.8毫米，小时最大雨量达39.2毫米，累计降水量达128.2毫米。强降水引发抱龙河等中小河流水位迅速上涨，防汛减灾形势严峻、压力较大。

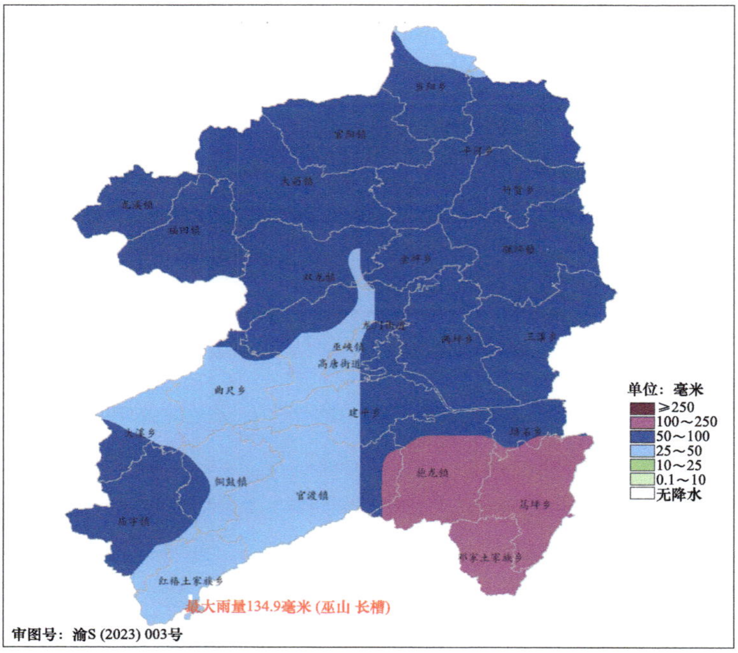

图1　2023年7月3日20时—4日14时巫山县雨量分布图

（二）受灾情况

此次暴雨洪涝灾害给抱龙镇造成严重经济损失，全镇直接经济损失3700余万元。其中：倒塌房屋3户65间，面积1360平方米，房屋及居民家庭财产损失约409万元；农林牧渔业损失约1041万元；水电站等工矿商贸业经济损失约300万元；道路共塌方82处约10560立方米、损毁道路2200米，饮水管道冲毁2800米，河堤垮塌15处共350米，桥梁受损3座，污水处理站受损2座，基础设施经济损失约1978万元；洛阳村委会、洛阳小学受损面积600平方米，经济损失50万元。

二、监测预报预警情况

（一）强化会商研判

坚持市县上下联动，加强与市气象台的联动会商，在市气象台的指导和支持下，准确研判巫山强降雨天气过程主要时段、重点区域和雨量区间。

（二）加强天气监测

滚动发布雷达回波、雨情等实况信息，适时提醒强降雨重点影响区域及发展趋势。

（三）提前预报预警

按照“31620”递进式预报预警业务机制（提前3天发布重要气象信息专报，提前1天发布每日气象要讯，提前6小时发布气象预警/预警信号，提前2小时发布气象警报，“0小时”开展雨情通报），在6月30日的《天气周报》中特别指出7月3—4日有一次强降水过程，7月2日发布《重要气象信息专报》，将抱龙镇等6个乡镇划定为暴雨较高风险区，同时与县水利部门联合发布中小河流涨水风险预报，指出流经抱龙镇的抱龙河有涨水风险。相继发布暴雨蓝色、黄色、橙色预警信号，提前0～2小时发布强降雨短临预警。

三、气象服务情况

（一）加强组织领导

巫山县气象局于7月2日进入Ⅲ级气象应急保障服务特别工作状态，严格执行24小时值班和领导带班制度，主要负责人坐镇指挥，直通式向县委县政府报告天气形势，分管负责人各司其职，抓好分管领域工作，气象台实行主副班制，全体干部职工进入应急状态，随时做好应急准备，全力做好气象服务保障。

（二）面向党委政府直通汇报服务

巫山县气象局通过书面、“渝快政”等方式向地方党委政府及时报送气象服务信息，获县委县政府领导批示4次。7月2日，分管副县长彭晓蓉在《气象信息专报——脆李气象保障服务专报》上批示：“注意有效组织果农采摘，尽量减少损失，增加收入。”同日，主要负责人通过“渝快政”向县委常委、常务副县长王春梅汇报强降雨天气过程情况，王春梅常委批示：“加强监测预警，根据天气变化情况和雨情、水情、汛情，及时研判预警，精准调度。”7月4日07时20分，巫山县气象局升级发布暴雨橙色预警信号，分管副县长彭晓蓉在收到县气象局主要领导的信息后批示“当断就断”。7月4日09时40分，巫山县气象局升级发布暴雨红色预警信号后，县委书记曹邦兴批示：“红色预警启动后，对应落实防范措施！雨情下降后，及时调整等级。”

（三）强化部门联动

7 月 1 日，巫山县气象局参加县政府专题调度会 1 次、部门临灾会商 1 次，会上均通报强降雨预报预测情况并提醒加强防范应对。7 月 2 日 16 时，经与县自然资源和规划（简称规资）、水利等部门会商后，联合发布地质灾害风险预报预警、中小河流涨水风险预报。通过“渝快政”与各部门、乡镇（街道）时刻保持信息互通，滚动提供实况和预报预警信息。

（四）加强预警信息发布和“叫应”服务

按照“一行业一措施、一乡镇一方案”，通过御天·智能预警信息发布系统及时发布预警信息，利用“渝快政”、短信、微信、QQ、重庆气象 APP、电视机顶盒、大喇叭等扩大预报预警信息覆盖面，共发布各类预警信息 12 条，覆盖 9.6 万余人次。针对降雨较大乡镇（街道），点对点“叫应”26 人次。会同 13 个涉灾部门和 26 个乡镇（街道）发布分级分类“气象预警＋响应措施”的工作指令 741 条、覆盖 13 万余人次。

7 月 4 日 03 时 10 分，抱龙镇在收到暴雨蓝色预警信号后，立即启动防汛应急预案，做好应急准备，加强巡查。03 时 30 分，巫山县气象局工作人员“叫应”抱龙镇政府：雨量较大，后续降雨还将持续，请加强防范。镇党委书记郑中原立即安排部署，要求沿河村社干部挨家挨户叫醒沿河居住群众（图 2）。

图 2　工作人员挨家挨户叫醒群众

群防群策员向良付在收到气象预警信息后高度重视，进行每小时巡查；05 时 20 分左右发现河水上涨速度加快，便立即向村支书报告，挨家挨户敲门叫醒沿河居住群众。截至 06 时 40 分，靠河边居住群众全部撤离至安全地点。

07 时 20 分，巫山县气象局升级发布暴雨橙色预警信号，全部人员撤离后，3 户沿河房屋被洪水冲垮（图 3），其居住的 17 位居民被提前转移，没有造成人员伤亡。

巫山县气象局工作人员随后再次“叫应”抱龙镇，提醒降水还将持续，请加强防范。县气象局主要领导通过电话与抱龙镇党委书记郑中原会商研判：鉴于抱龙镇累计降雨量大，降雨还将持续到中午，需进行第二次转移。抱龙镇立即将撤离的人员用中巴车转移至安置点，并设立警戒线，以防群众中途返回（图4）。

图3　房屋被洪水冲垮

图4　组织群众转移、设立警戒线

四、气象防灾减灾效益

此次暴雨天气过程，以气象预警为先导的应急联动响应机制作用突出、成效明显，全县上下及时采取防范应对措施，无一人因灾伤亡，充分发挥了气象防灾减灾第一道防线作用。

一是为党委政府防灾减灾提供有力支撑。巫山县气象局精准研判、及时预警，主动向县委县政府汇报天气趋势，强化部门联动，提前开展临灾会商，共同研判地质灾害、中小河流洪水等风险，提高气象服务精准度和针对性，持续做好监测预报预警服务，多渠道及时发布预报预警信息，及时开展“叫应”，通过“渝快政”滚动推送气象服务信息，为县委县政府防灾减灾科学决策和调度指挥提供气象支撑。7月4日凌晨，巫山县防汛抗旱指挥部根据气象实况及预报信息，发布暴雨洪涝灾害蓝色预警，并启动防汛抗洪Ⅳ级应急响应。

二是得到各级上下充分肯定。中国气象局副局长张祖强对巫山气象服务助力防汛救灾、提前转移人员无一人伤亡的成绩给予了肯定。7月6日，重庆市委书记袁家军主持召开全市防汛救灾调度工作会，巫山县委书记曹邦兴代表巫山县就“7·4”暴雨天气过程科学防范应对作了重点发言，表示此次暴雨过程气象预报准确、预警及时、“叫应”到位，为各级各部门果断处置提供了有力保障。在当日下午召开的全县防汛救灾工作调度会上，曹邦兴书记讲到：“县气象局这段时间工作很努力，值得表扬！要按照‘早、准、快、广、实’的要求开展会商研判，及时把预警信息通过各种渠道发送到群众和部门领导。”群防群策员向良付在会上交流发言时，用亲身经历和体会多次感叹：“气象预警信息很重要！”重庆市减灾办在《关于巫山县成功预警处置“7·4”暴雨灾害避免重大人员伤亡的通报》中指出：巫山县妥善应对“7·4”暴雨灾害，是一次成功的预警避险，得益于对预警信息的高度重视，对暴雨灾情的精准研判、快速响应和果断决策，充分体现了以人民为中心的思想理念，为全市加强自然灾害防治工作提供了借鉴。

三是得到广泛宣传。此次暴雨过程，气象服务保障有力，成效明显，中国气象局学习贯彻习近平新时代中国特色社会主义思想主题教育将此作为气象服务典型成功案例予以宣传。中国气象局门户网站、《中国气象报》、重庆新闻、重庆发布等媒体对巫山县“7·4”暴雨灾害预警“叫应”及时、响应处置果断、避免人员伤亡的经验做法进行了宣传报道。

附件

在巫山县防汛救灾工作调度会上的发言

巫山县群防群策员　向良付

（2023年7月6日）

各位领导：

下午好！我叫向良付，是洛阳村综治专干兼五龙桥的群防群策员。7月4日凌晨4点左右，抱龙镇突降暴雨，抱龙河河水暴涨，严重威胁我村临河住房及人员安全，我严格按照群防群策员的要求，做到了及时巡查、及时预警、及时报告、及时撤离，没有发生人员伤亡事故，现将具体情况汇报如下。

一、灾情经过

我于7月3日晚上7点和7月4日凌晨2点，先后接到抱龙镇有强降雨临近天气预报和暴雨蓝色预警信息，在接到抱龙镇政府的预警信息以后，我高度重视，7月4日凌晨实行每小时巡查，凌晨2点47分，抱龙镇开始下雨，凌晨4点半左右抱龙河水位开始上涨，此时根据过往经验判断暂无大的风险。随后我继续开展巡查，于5点20分左右，发现河水上涨速度加快，距离桥面一米左右，我便向村支书报告，并挨家挨户敲门叫醒沿河居住群众，催促群众撤离至对面平台处，6点左右五龙桥河边25户61人便已撤离。6点20分左右，镇党委政府领导以及消防队、民兵应急分队到达现场，带领他们再次挨家挨户敲门，确认群众撤离情况，将个别行动不便暂未撤离的老人、小孩转移到安全地带，房门全部上锁，拉上警戒线。截至6点40分，靠河边居住群众全部撤离至安全地点。7点20分左右第一栋房屋垮塌，7点50分左右第二、第三栋房屋垮塌，没有造成人员伤亡。8点钟左右，根据气象情况研判，为了确保绝对安全，我们将转移到高处的500余名群众再次用中巴车转移安置至河梁中学、江龙酒店以及紫鹅村便民服务中心。目前房屋倒塌的3户群众临时安置在江龙酒店，情绪稳定。

二、个人感受

经过此次亲身经历，我感受到，气象预警信息发布很重要，政府在每次天气变化时，都第一时间在微信群进行发布并跟进督导，如不及时回复都会接到电话通知，确保我们了解最新天气状况。业务培训很重要，镇政府定期组织专题培训，让我们掌握了相关专业知识，有利于作出预警判断。应急演练很重要，让群众知道怎么跑，往哪里跑，从而提高群众的安全意识。巡查很重要，特别是雨前排查和雨中巡查，有利于及时预警、及时处置、及时撤离。科学指挥很重要。及时报告党委政府后，镇领导第一时间现场科学指挥调度，对不听劝导的个别群众和维持现场秩序起到了很大的作用。

下一步，我将更加扎实地做好本职工作，认真履职，再接再厉，继续发挥好一名群防群策员的作用，保障群众生命财产安全。

成都大运会气象保障服务案例

（四川省）成都市气象局

康　雪　肖　晓　邓锐捷　杨　炯

在中国气象局、四川省气象局正确领导下，成都市气象局作为2023年7—8月召开的成都大运会气象保障服务承担单位，直面天气背景复杂、精准预报难度大等艰巨挑战，坚持科技创新引领，为成都大运会提供了精密立体的气象监测、精准及时的预报预警、精细高效的气象服务，圆满完成成都大运会气象保障服务任务。

一、精心组织谋划，确保气象服务有序有力

（一）强基固本，加强准备工作组织领导

中国气象局副局长张祖强调研成都大运会气象保障服务时，强调要突出细、强观测、强预报、强服务、强支持；省局彭军局长要求坚定信心、全力以赴做好大运会气象保障服务工作。市局认真落实有关要求，优化健全组织体系。

（二）构建扁平化管理一体化运行机制

大运会决战决胜期，成立国省市联合决策领导小组，国家级单位派出22名国家级首席专家，北京、重庆、贵州三省（市）6名专家、高校院所2名专家和市（州）49名业务骨干，实行统一运行调度。

（三）精细服务全方位融入赛事组织体系

选派7名骨干人员参与执委会专班，下沉开闭幕式运行中心。加强沟通对接，建立服务需求对接机制，明确服务内容、形式、渠道，签订气象服务任务单56份。制定各类保障方案30余项。

二、强化建设提能，提升大运会气象保障支撑水平

（一）建成西部最强城市综合观测体系

以大运会赛场为核心，实现超大城市“三维、秒级、多要素”综合监测。参考北京冬奥会观测体系，实现多维度百米级精密监测。建成计算与信息网络支撑系统，依托成都超算中心资源搭建“数据大、运算强、交换广、稳定高、服务快”超算环境，完成赛事综合信息管理系统和业务监控系统建设。

（二）建立复杂地形精准预报技术体系

建成赛事气象预报预警与服务系统，部署了天衡天衍气象监测、风云地球业务平台、冬奥“百米级、分钟级”睿图微尺度、精细化单点预报等核心系统，实现0～2小时逐10分钟精细化预报，空间分辨率3千米时效240小时环境气象预报及交通旅游精细化监测预报。与青藏高原研究院联合研发“蓉城·夔牛”短临预报模型融入赛事强天气短时临近预报系统。

（三）建立全链条精细服务运行机制

建立国省市三级协同联动会商机制，开展专题会商 30 余次。滚动发布预测预报，提前 1 个月发布开幕式过程预报，提前 10 天提供逐日、提前 7 天提供逐 6 小时、提前 2 天提供逐小时预报。聚焦服务需求，制作发布开闭幕式天气、焰火燃放气象条件、高影响天气、交通气象、天气实况等 7 类服务产品。建立大运通、大运会气象指挥系统、智慧气象服务系统、微信短信等发布渠道，实时向赛事指挥中心、开闭幕式运行中心、赛区场馆、政府部门推送服务产品。

三、用万全准备，全程护航成都大运会成功举办

（一）实战练兵确保演练整改措施到位

以优化完善机制、磨合团队为目的，针对大运会测试赛、开幕式带妆彩排等重要活动，组织 7 次气象保障服务全流程演练、9 次人工影响天气保障联合实战演练。2023 年 7 月 11 日胡云副省长参与人工影响天气联合指挥中心人工影响天气保障演练，中国气象局张祖强副局长、中国气象局人工影响天气中心领导现场指导演练工作。大运会气象台为开闭幕式运行中心各类演练等活动提供专题服务 500 余次。梳理气象保障风险事件 15 大类、风险隐患场景 47 个，全部制定应对措施分项开展演练。

（二）精准预报助力开闭幕式精彩呈现

针对开闭幕式活动精准研判天气形势，提前 1 个月发布过程预报，准确预报出 27 日前后有强降雨过程。在执委会决定是否启用开幕式备用场馆关键时刻，提前 1 天精准预报开幕式核心时段天气，提出明确意见“活动现场无雨，风力不大，对开幕式文艺演出和烟花燃放没有不利影响”。开幕式当天天气实况和预报高度吻合。受台风“卡努”影响，闭幕式当天午后开始，天气异常复杂多变，局地强对流天气在露天音乐公园周边生成发展，专家团队精准分析研判关键时段，向闭幕式运行中心开展跟踪递进服务，提出强对流天气将在未来 1 小时后影响活动现场，活动尾声强对流云团仅距现场 2 千米，活动结束后出现暴雨天气。精准预报和精细服务助力开闭幕式精彩呈现。

（三）优质服务助力大运赛事圆满举办

按照“一赛一策一单”服务模式，滚动制作发布专题天气预报。赛事指挥调度中心根据服务产品，及时调整或取消赛事安排 10 次。如：8 月 3 日 10 时，提前预报双流、新津赛区未来 40 分钟将出现雷电大风等强对流天气，14 时趋于结束，第一时间通知赛事指挥中心，指挥中心立即调度双流体育中心、国际网球中心、四川省水上学校，将田径、赛艇调整至 14 时开始，网球调整至室内进行，实现了赛事科学精准调度。

（四）“城市侧”气象服务贴心保障大运安全

坚持“城市侧”与“赛事侧”气象保障服务工作一体化保障，既保赛事顺利举行，又保城市安全运行。城市运行方面，选派 3 名骨干人员入驻城市运行中心，提供城市气象服务信息，值班局领导每日视频参加城市运行调度；防汛减灾方面，每日向市防汛抗旱指挥部提供气象预报信息，每日调度防汛减灾工作，出现强降雨时实时调度；交通旅游方面，气象信息接入交通旅游运行平台，每日定期向公众提供城市旅游气象信息。

四、精细气象保障，受到各级党政领导充分肯定

成都大运会气象保障服务助力大运会“简约、安全、精彩”圆满举办，受到各级领导高度肯定。中央政治局常委蔡奇充分肯定了气象部门大运会气象保障服务工作，向全体气象工作者表示亲切慰问。国务委员谌贻琴批示：“气象做了大量工作，为开幕式成功圆满做了重大贡献。”四川省委副书记、省长黄强对大运会气象保障服务团队进行慰问。省委副书记、成都市委书记施小琳批示：“向气象部门为大运会提供的服务保障表示衷心感谢。”成都副市长陈志勇做出两次批示：“预测精准，保障有力！望认真复盘以利再战。”“本次大运会气象保障系统打了一场漂亮仗，为赛会圆满成功做出了贡献，请忠明同志转发对全体参战人员的问候，择时专程答谢中国气象局各位专家。”

“24622”递进式服务保护3053人平安

贵州省气象局

龙振熙　李连荣　刘红双　李　丽

2023年7月24—27日，贵州省遵义市出现大范围的持续性强降雨过程，并伴有短时强降水、雷暴大风等强对流天气，造成山体滑坡、房屋倒塌、道路受阻、基础设施受损和农业受灾，造成22476人受灾，经济损失约4689.53万元。气象部门提前发布预报预警，开展“24622”递进式气象服务（“24622”指提前24小时强降雨天气预报，逐6小时更新订正预报，每2小时滚动发布未来2小时强降雨预报），强化高级别预警应急联动，及时开展“三个叫应”，政府部门提前部署应对，紧急转移避险和转移安置3053人，无一人伤亡，实现“不死人，少损失”的防灾减灾目标。

一、基本情况

2023年7月24日12时—27日12时，贵州省遵义市出现3次强降雨过程，累计降雨量达200毫米以上的有2个乡镇；100～200毫米的有13个乡镇，50～100毫米的有53个乡镇。最大累计降雨量为习水县同民镇，206.7毫米，最大小时雨强高达100.8毫米/小时。此轮强降雨过程持续时间长，局地强降雨和雷暴大风明显，且强降雨过程落区重叠，山洪、地质灾害风险隐患急剧增加。共造成全市74个乡镇受灾（图1），受灾人口22476人，农作物受灾面积783.16公顷，倒塌房屋6户15间，严重损坏房屋12户29间，一般损坏房屋263户363间，直接经济损失4689.53万元。

图1　同民镇蔺江村河水暴涨

市、县两级气象部门提前发布预报预警信息，及时启动“24622”递进式气象服务流程，地方政府根据气象预报预警，启动防汛应急响应，全市紧急转移避险和转移安置3053人，无一人因灾死亡。

二、监测预报预警情况

（一）《重要气象信息专报》为提前部署提供科学依据

针对此次强降水天气过程，贵州省气象局于7月25日向省委、省政府报送了《重要气象信息专报》。遵义市气象局向市委、市政府和有关部门呈报《重要气象信息专报》，针对26日出现暴雨天气作出了准确预报。习水县气象局根据遵义市气象台的预报指导意见，制作《重要气象信息专报》向地方党委政府呈报，根据气象服务信息，7月25日下午，习水县县长冉崇庆组织相关单位紧急召开会议就防灾减灾进行安排部署（图2）。

图2　习水县县长冉崇庆在县气象台安排部署防灾减灾工作

（二）气象预警“消息树”变成防灾救灾“发令枪”

遵义市气象部门紧盯天气动态演变，发布暴雨预警信号46条、雷雨强风预警信号27条、大风预警信号3条、雷电预警信号91条，暴雨预警提前量达255分钟。联合应急、水务部门发布山洪气象风险预警7条，联合应急、自然资源部门发布地灾气象风险预警10条，为各级各部门及时启动专项应急预案，科学有序组织应急救援工作发挥“发令枪”作用。

三、气象服务情况

（一）“24622”递进式服务为高位调度提供决策支撑

按照贵州省“24622”递进式气象服务流程，遵义市气象局制作《重要气象信息专报》《气象信息报告》《气象信息快报》35期，各县级气象台制作各类决策服务材料48期。7月26日12时和23时，市、县气象局两次组织天气大会商，对未来强降水预报进行研判更正，预计赤水、习水部分乡镇将于27日02时开始出现强降水天气，累计降雨量可达130～180毫米。同时启动逐6小时开展更正预报，对未来降水的时间、落区和量级作出了精准的预报。习水县气象局将气象灾害（暴雨）应急Ⅳ级响应提升为Ⅲ级响应，26日夜间习水县委常委、常务副县长胡杰，分管副县长刘卓以及相关部门主要领导到县气象台应急指挥中心开展防灾救灾调度工作。

（二）"三个叫应"气象服务为抢险救灾赢得时间

根据 7 月 26 日 23 时天气会商结果，遵义市气象局主要负责人向市政府分管副市长吴起电话汇报天气情况及服务情况，吴起对相关工作进行了调度。根据降雨情况，遵义市气象局主要负责人又"叫应"了遵义市常务副市长向承强和习水县委书记常文松。同时，相关县（市）气象局开展"三个叫应"累计 195 次，各级各部门及时组织相关部门开展应急处置，提前转移人员。习水县常务副县长胡杰在县气象台坐镇指挥调度，紧急避险和转移安置 2315 人。27 日上午，习水县委书记常文松在气象台对抢险救灾工作进一步安排部署（图 3），强调"要坚持'人民至上、生命至上'，底线是绝不能死人"。习水县防汛抗旱指挥部发布工作指令，要求 18 时之前，预计降雨落区的土城、醒民、同民必须将辖区内所有风险区域的群众全部转移完毕。

图 3　习水县委书记常文松在县气象台指挥调度抢险救灾工作

（三）"主动互动联动"为防灾减灾架起"共享桥"

7 月 27 日凌晨，习水县气象局主动开展上下游重大灾害性天气区域联防，与四川省古蔺县气象局、泸州市气象局互通气象信息，了解到上游古蔺县多个乡镇大暴雨，洪峰可能很快到达习水县同民河，而且同灌口水库已紧急泄洪，导致同民河水位暴涨。得知情况后，习水县刘卓、王伟副县长分别带队，组织救援队紧急转移沿河群众。

（四）公众气象服务为引导社会舆论形成良好互动

坚持权威发布，引导舆论，主动作为，与网民形成良好互动，有效提升气象宣传科普影响力，积极发挥防灾减灾第一道防线作用。将持续性降雨天气预报通过"遵义市气象"官方微信、抖音、电视、应急广播、"红城微家"等多种传播渠道向社会广泛发布。通过应急广播发布强降雨气象预报预警 10 条，覆盖服务 60 万余人。录制《主播说天气》通过新媒体平台向社会公众发布，浏览量共计 2.5 万人次，通过抖音平台直播强降雨天气实况，效果良好，累计观看人数 7.8 万。

四、气象防灾减灾效益

（一）主要成功经验

此次有效应对强降雨天气过程，为紧急避险和转移安置 3053 人抢得先机的气象服务案例，是贵州省“24622”递进式气象服务、“三个叫应”一个成效缩影，其服务主要经验有三点：一是贵州省气象部门时刻绷紧防汛救灾这根弦，始终把为民服务的责任扛在肩上，以实际行动践行“生命至上、人民至上”防汛救灾理念。二是充分利用气象灾害风险普查成果，强化“递进式”的精细化服务，优化“三个叫应”阈值，为防汛避险提供科学决策依据，充分发挥气象防灾减灾第一道防线作用。三是“主动互动联动”机制得到充分实践，省、市气象局的精心指导和省、市、县气象部门的有力组织和密切配合，以高度的责任意识和精准的服务水平获得地方政府和部门充分认可，进一步推进了“主动互动联动”的贯彻落实，并取得实实在在的成效。

（二）气象服务成效

本次暴雨天气过程气象服务得到了遵义市和习水县党委政府的高度肯定。地方党委政府对防灾减灾工作高度重视，果断转移安置群众 3053 人（图 4），有效避免人员伤亡。

图 4　7 月 26 日组织群众转移

普洱市景谷县凤山镇抱母村“8·9”重大汛情成功避险

（云南省）普洱市气象局

业红伟　李红梅　陈星延　陈晓欣　黄晓丽　李恩云

2023年8月9日云南省普洱市镇沅县、景谷县出现局部暴雨、大暴雨天气过程，强降水导致镇沅县按板镇、景谷县凤山镇2个镇13个村组不同程度受灾。其中，镇沅县按板镇9日01至03时2小时累计降雨量达66.6毫米，县内按板河水位暴涨至2.19米，直接威胁下游景谷县凤山镇安全。普洱市气象局和镇沅、景谷县气象局提前准确预报，实时监测到位，提前发布预警，及时开展“叫应”，相关部门及时响应联动，助力景谷县凤山镇抱母村64户276人成功转移避险。气象预警1小时后，超保证水位的洪水通过抱母村，造成64户农户房屋被洪水冲淹，部分畜圈损毁，直接经济损失643.9万元。此次天气过程，因预报准确、监测到位、提前预警、及时“叫应”，群众得到提前转移，有效避免了人员伤亡，促成江河上下游防汛联动机制在全省推广。

一、基本情况

2023年8月8日20时至9日20时，受切变线和暖湿气流共同影响，镇沅县、景谷县出现中到大雨局部暴雨天气。此次强降水天气过程以对流性降水为主，主要降雨时段为8日夜间至9日凌晨，具有暴雨落区分散、突发性强、历时短、小时雨量大等特点。镇沅县按板镇8日20时开始降雨，8日20时至9日08时12小时累计降雨量达77.7毫米（大暴雨），最强降雨时段在9日01至03时连续两个时次小时雨量大于30毫米，2小时累计降雨量达66.6毫米，1小时滑动雨量最大值达53.4毫米；景谷县凤山镇8日20时至9日20时累计降雨量为36.8毫米。镇沅县按板河因短时暴雨水位暴涨2.19米，导致下游的景谷县凤山镇抱母河水位上涨，发生洪水灾害。

收到气象部门预警信息后，各相关部门迅速采取上下游递进响应处置措施，党员、村委会工作人员入户通知村民注意警戒水位，共出动救援人员300人，凤山镇抱母村果断启动提前转移避险方案，立即组织转移64户276人。气象预警1小时后，超保证水位的洪水通过抱母村，造成64户农户房屋被洪水冲淹，部分畜圈损毁，直接经济损失643.9万元，此次过程未造成人员伤亡。

二、监测预报预警情况

（一）市县提前3天准确预报天气过程

过程开始前，普洱市气象局、镇沅县气象局于8月6日提前3天、景谷县气象局于8月7日提前2天制作发布《重要天气预报》，均准确预报：“8月6日白天至11日普洱市将出现持续性较强降水，其中江城、墨江、景东、镇沅、景谷、思茅出现单点大暴雨可能性大。过程累计降水量为60～110毫米，局部180～220毫米。过程期间大部分地区将出现短时强降水、雷电、瞬时大风等强对流天气。需防范持续降水诱发的中小河流洪水、城镇内涝、山洪及地质灾害。”

普洱市气象局和镇沅县、景谷县气象局8月7日制作发布《天气周报》，均准确预报“8月8日镇沅县阴有中到大雨局部暴雨，景谷县阴有中雨局部大到暴雨；9—10日镇沅县、景谷县有中到大雨局部暴雨，需注意防范强降雨可能诱发的城乡内涝、中小河流洪水、山洪和地质灾害”。经检验，天气实况与预报结论相吻合。

（二）市县同步开展预报预警服务

普洱市气象台2023年8月8日23时25分发布暴雨Ⅳ级预警1期，预计未来24小时镇沅县、景谷县将出现暴雨，10时00分继续联合发布地质灾害气象风险Ⅱ级预警1期；镇沅县气象台2023年8月8日10时15分继续发布地质灾害气象风险Ⅱ级预警1期，18时40分提前138分钟发布雷电黄色预警信号1期，23时45分提前143分钟发布暴雨黄色预警信号，8月9日01时35分提前58分钟变更发布暴雨橙色预警信号1期；景谷县气象台8月9日00时15分提前15分钟发布暴雨橙色预警信号1期，03时05分提前86分钟继续发布雷电黄色预警信号1期，03时15分提前45分钟变更发布暴雨黄色预警信号1期，03时30分变更发布地质灾害气象风险Ⅱ级预警1期。

三、气象服务情况

（一）应急响应启动情况

普洱市气象局于2023年8月2日14时40分启动重大气象灾害（暴雨）Ⅳ级应急响应命令，景谷县气象局于2023年8月2日15时00分启动重大气象灾害（暴雨）Ⅳ级应急响应命令，镇沅县气象局于2023年8月2日15时15分启动重大气象灾害（暴雨）Ⅳ级应急响应命令，8月9日均在应急响应期间。

（二）“1262”精细化预报专题服务情况

8月9日02时普洱市气象台预报镇沅县按板镇为“1262”精细化预报［气象部门提前12小时预报强降水（大于50毫米）落区精细到县，提前6小时和2小时预报落区精细到乡镇］的2小时强降水落区，镇沅县气象台预报镇沅县按板镇为6小时、2小时强降水落区。

（三）高级别预警及“1262”响应联动“叫应”服务情况

过程期间，市县两级气象部门严格执行高级别预警及“1262”精细化预报与响应联动工作机制，及时开展“叫应”服务各项工作。普洱市气象局通过电话、传真、微信等方式，“叫应”市委办总值班室、市政府办总值班室、市应急管理局（市防汛办公室）、市公安局、市自然资源和规划局、市住房城乡建设局、市农业农村局、市水务局、市水文水资源局、市文化和旅游局等11家部门和单位18次，与外部门联合会商2次，指导县（区）气象局开展预报预警服务40次；镇沅县、景谷县气象局局长“叫应”县人民政府县长、分管副县长、县应急局主要负责人、县自然资源和规划局主要负责人15次，业务值班人员“叫应”县委办、县政府总值班室、县应急局、县自然资源和规划局25次，对乡镇开展“靶向”服务18次。

2023年8月9日01时35分按板镇在接到镇沅县气象台发布的暴雨橙色预警信号和2小时强降水精细化预报及“叫应”电话后，值班人员立即电话“叫应”13个村（社区）党支部书记和26个地质灾害监测点负责人，并在微信群转发灾害预警信息要求注意防范。镇党委班子成员第一时间赶赴按板社区、杏城村、安康村、红星村等重点灾害现场指挥抢险救灾工作，紧急转移安置受灾群众20人。02时镇沅县气象台电话提醒景谷县气象台按板镇小时雨强大，未来可能影响凤山镇，03时凤山镇党政办收到景谷县气象台发布的暴雨黄色预警信号和电话提醒后，迅速启动县、镇、村三级联动机制，村“两委”班子及驻村工作队员立即组织人员挨家挨户叫醒群众。

杏城村老城组组长杨绍林在接收到暴雨预警信号后，反应敏捷，及时打电话通知河流下游的凤山镇抱母村：“目前按板河涨水速度快，须关注下游河流洪水风险。”收到通知后，凤山镇干群争分夺秒、抢时增速，约40分钟完成群众转移避险。8月9日03时20分景谷县果断转移凤山镇抱母村群众64户276人，有效避免了人员伤亡。

四、气象防灾减灾效益

（一）气象预警助力提前转移，有效避免人员伤亡

此次强降水天气过程，由于普洱市县两级气象部门加强组织领导，气象监测精密、预报预警精准、“叫应”服务精细，县级部门和乡镇在收到气象灾害预警信息、“1262”精细化预报产品和电话“叫应”后，快速响应、高效精准联动，迅速吹响转移避险“集结号”，有效避免人员伤亡和减少人民群众财产损失，切实保障了64户276名群众的生命安全，以洪涝灾害“零”伤亡的防控成效切实筑牢气象防灾减灾第一道防线，取得了明显的气象防灾减灾社会效益和经济效益。

（二）普洱市成江河上下游防汛联动机制经验在全省推广

普洱市把“1262”精细化预报服务与江河上下游防汛联动机制有机结合起来，在启动“1262”机制的同时，对江河上游下游同步预警、同步调度、递进响应，变“分头防汛”为“联合防汛”，科学应对景谷县、镇沅县“8·9”局部暴雨、大暴雨，在江河洪水防御和区域防汛减灾工作中发挥积极作用。促成云南省防汛抗旱指挥部办公室印发《关于全面推行江河上下游防汛联动机制的通知》（云防汛办〔2023〕29号），将普洱市江河上下游防汛联动机制经验在全省推广。

从气象“叫应”到应急“叫醒”
气象防灾减灾联动机制更加健全顺畅
——米林市“8·27”泥石流灾害典型案例

（西藏自治区）林芝市气象局

索朗卓嘎　陈宫燕

2023 年 8 月 24 日开始，西藏自治区林芝市出现了大范围持续性强降水天气过程，辖区内米林市大部以中雨天气为主。截至 8 月 28 日，米林市累计降水量达到 95.3 毫米，小时最大雨强为 8.1 毫米/小时，特别是 24 日、27 日，日降水量均超过 20 毫米。气象部门根据“叫应”机制，及时“叫应”米林市政府相关部门负责人和乡镇负责人。因前期累计降水量大，土壤水分含量高，2023 年 8 月 27 日 03 时左右，米林市城区西面色贡沟出现大型泥石流灾害。由于准备充分、响应迅速、处置果断，迅速转移避险群众，实现了人员“零伤亡”。

一、泥石流灾情基本情况

色贡沟泥石流沟位于米林市城区西面，整个泥石流沟有两道挡墙，色贡沟泥石流沟下方为米林县城西面村庄，306 省道连接米林县城，色贡沟泥石流沟的山后方为南伊沟，降水较米林县城更为充沛（图 1）。

图 1　米林市米林镇色贡沟泥石流沟航拍图

2023年8月27日凌晨，多日持续的强降水导致米林市米林镇色贡沟发生泥石流（图2）。泥石流冲向下游村庄，造成色贡村村民房屋受损、省道306交通中断，没有造成人员伤亡。

图2 米林市米林镇色贡沟泥石流灾害现场

二、监测预报预警情况

（一）精准预警——聚焦“报得准”

本次降水过程，林芝市气象部门24小时严密监测，及时会商研判降雨范围、时段，提高预报精准度。根据天气形势，林芝市气象局充分发挥气象预警先导性作用，及时发布了强降水消息、强降水预警信号、山洪地质灾害气象风险预警。实况与预报的结果一致，8月24日开始，林芝市迎来了大范围的持续性强降水过程，米林市大部以中雨天气为主（降水实况数值详见图3），8月24—26日米林市南伊沟出现了30毫米以上的连续性强降水天气，其中24日达到51.8毫米的暴雨；米林市区从24日开始以中到大雨天气为主，其中24日、27日出现了25毫米的大雨。截至28日，米林市累计降水量达到95.3毫米，最大小时雨强为8.1毫米/小时。

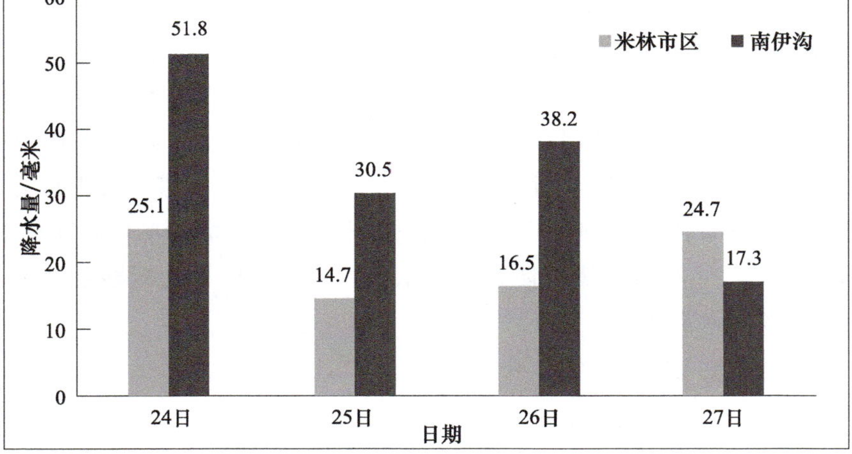

图3 米林市区、南伊沟8月24—28日降水实况数值

（二）精细服务——聚焦“发布快”

林芝市气象部门利用微信群、短信平台、西藏自治区突发事件预警信息发布系统等平台，及时对外发布预报预警信息，实现重大气象灾害预警信息提前1～3天发布，局部性突发天气预警信息实时发布，为避险减灾留足时间。8月22日上午，林芝市气象台发布山洪地质灾害气象预警，提出“米林市地质灾害等级为3级（灾害发生风险较高）”。8月23日上午，发布强降水消息，提出“23日夜间开始林芝有持续性的降水天气，最强降水时段主要集中在24—27日，林芝大部以中雨天气为主，米林、察隅的部分乡镇有大雨”。由于降水持续且强度大，于8月24日10时50分发布强降雨蓝色预警信号，24日22时40分将强降雨蓝色预警信号升级为强降雨黄色预警信号，提出“林芝大部有中到大雨，米林的部分乡镇有大到暴雨，并提醒强降水易引发次生地质灾害、中小河流水位上涨，需做好灾害隐患点监测及相关防范措施”。8月25日12时，继续发布强降雨黄色预警信号以及山洪地质灾害气象风险预警，22时将强降雨黄色预警信号降级为强降雨蓝色预警信号。8月26日和27日，继续发布强降雨蓝色预警信号。

本次降水过程，林芝市气象台累计发布强降雨黄色预警信号2期，强降雨蓝色预警信号4期，山洪地质灾害气象预警信息3期，强降水消息1期，天气公告2期，雨情快报6期。同时，米林市气象台累计发布天气公告1期，降水消息1期，雨情快报2期，强降雨蓝色预警2期，山洪地质灾害气象风险预警5期。为政府决策、群众避险提供科学依据和指引。

（三）及时叫应——聚焦“叫得应”

林芝气象部门24小时严密监测天气，在降水实况达到“叫应”阈值时，对相关单位进行“叫应”。根据米林市应急管理局局长反映，8月24日在收到林芝市气象台发布的强降雨蓝色预警信号后，应急管理等部门高度重视，立即组织人员对米林市地质灾害隐患点进行巡防和排查；8月25日在收到气象部门将强降雨蓝色预警信号升级为黄色预警信号后，对色贡沟水厂水坝两处挡墙下的淤泥进行清理，并安排地质灾害巡逻员24小时巡逻；8月26日再一次进行了清淤工作。8月26日18时26分，林芝市气象台工作人员在发现降水增大时，及时“叫应”米林市气象局值班人员，并要求米林市气象局提醒相关部门。米林市气象局立即对相关单位进行“叫应”。

（四）迅速响应——聚焦“叫得醒”

8月27日凌晨，米林市地质灾害巡逻人员在巡查过程中，发现色贡沟水厂水坝挡墙处的淤泥有下滑趋势，巡逻人员及时以敲锣和每家每户敲门的形式，叫醒熟睡的村民并安全转移至临时安置点。8月27日03时左右，色贡沟发生泥石流灾害，由于林芝市气象局、米林市气象局预警发布精准，“叫应”及时到位，米林市政府和各单位高度重视，响应迅速，及时采取清淤、24小时巡逻等防御处置措施，为受威胁群众转移避险赢得了时间、掌握了主动，未出现人员伤亡。

三、气象服务情况

在收到泥石流灾情消息后，林芝市气象局高度重视，第一时间制作救援气象服务专报，分析研判灾害点天气形势，滚动制作逐3小时、逐6小时、逐12小时精细化预报和未来10天天气预报，为灾害后期处置工作提供服务。保障期间共制作43期泥石流救援气象服务专题预报。8月29日，林芝市气象局副局长高文俊一行四人前往灾情现场实地调研，了解灾情形势，向米林市委相关单位汇报工作，部署灾情气象服务保障工作，安排米林市气象局业务人员在灾害点架设便携自动气象站（图4），保障数据实时传输。林芝市气象局和米林市气象局提供的灾害现场观测数据和未来天气预报信息，为灾害现场指挥部后期处置工作提供了科学依据。

图4 米林市气象业务人员进行便携自动气象站设备调试

四、气象防灾减灾效益

为更大限度地减少人民群众的损失，遵守“人民至上、生命至上”原则，深入贯彻落实应急管理部和中国气象局联合发布的《关于强化气象预警和应急响应联动工作的意见》，林芝市气象局与林芝市应急局积极沟通协调，起草了《进一步强化气象预警和响应联动工作实施方案》，将气象预警信息“叫应”与强降水递进式预报预警“叫应”相结合，参考内地省（市）先进模式，西藏自治区率先制定了“12631”精细化预报（指12小时、6小时、3小时、1小时强降水精细化预报，以下简称“12631”）与响应联动措施，完善了“12631”精细化预警信息“叫应”机制和联动转移避险机制。以气象预警信息为先导，应急等部门响应联动，“叫应”直达基层，根据不同层级采取响应措施，精准调度，让气象预警和部门联动机制更加健全顺畅。

此次“叫应”到“叫醒”，是根据林芝市防灾减灾指挥部的《进一步强化气象预警和响应联动工作实施方案》文件要求，气象部门反应迅速，提前预报预警，及时开展“叫应”，应急管理部门第一时间安排部署，采取相应的防御措施，在灾害来临前敲锣“叫醒”。灾害发生后，各部门各司其职，第一时间开展救援。将灾前、灾中、灾后各项工作有效衔接，把气象预警信息作为防灾减灾第一道防线，让以气象预警信息为先导的部门联动响应机制发挥作用，全方位筑牢了防汛“安全堤坝”，取得了显著成效。

主动作为　多方互动　上下联动
圆满完成中国—中亚峰会气象保障任务
——三动机制在中国—中亚峰会气象保障中的实践

陕西省气象局

张树誉　范　承　王语宇

中国—中亚峰会是党的二十大后中国主办的首场主场外交活动，是中国同中亚国家建交 31 年来首次以实体形式举办的峰会。中国气象局提出推进气象科技能力现代化和社会服务现代化及“三动”工作机制的决策部署和工作要求，是深入贯彻习近平总书记关于气象工作重要指示精神的具体举措，是习近平新时代中国特色社会主义思想在气象部门的具体实践，是推动新时代气象高质量发展的重要思想和工作方法。

在中国气象局和陕西省委、省政府的坚强领导和周密部署下，在中国气象局各职能司和直属单位、各兄弟省（市、区）气象局、相关部门的大力支持下，陕西省气象局主动作为，有效发挥全国一盘棋作用，国省、军地、区域、部门上下联动、多方协同，出色完成中国—中亚峰会气象保障任务，中国气象局陈振林局长称赞其为“三动”工作机制具体应用、取得成效的生动实践。

一、实践背景

气候背景：5 月正值东亚季风交替、环流调整的时期，气候可预测性不强，气候模式预测技巧不足。而根据近年陕西省和西安市历史降水资料统计分析，对比 30 年旬平均降水量，5 月中旬陕西全省降水整体呈增多态势。主要影响天气系统为西风槽、低层切变和西南涡，常以层状云系统性降水为主，有可能出现局地分散性暴雨。

技术基础：经过“十三五”“十四五”气象业务发展，陕西形成了一系列精细化网格预报预测技术支撑，自主创新研发了多项平台、技术和产品，在峰会保障期间发挥重要支撑作用。一是陕西智能网格气象预报系统——秦智。集实况监测、解析应用、全流程检验等功能于一体，满足峰会保障关键点精细化预报服务需求，并于峰会前期上线了 11～14 天网格预报产品，涵盖降水、云量、温度等 10 余种要素的中长期预报客观指导。二是陕西省短时临近智能预报服务系统 NIFS。为强对流天气临近预报提供客观产品参考。三是陕西智能网格气候预测系统。实现国内外多种气候模式预测产品、再分析产品等的资料集约，可提供精细到分辨率为 5～10 千米网格预测产品，预测时效覆盖日、候、旬、月、季、年及任意时段。四是月、季、年气象灾害风险预估技术的业务化试用，为峰会期间气象灾害风险预估奠定了技术基础。

保障难点：一是“中国—中亚峰会”有多场室外活动，即使微量降水、较高气温、较大风等强度较弱的天气都会对活动产生不利影响，这些也是本次峰会气象保障预报工作的核心难点；二是“中国－中亚峰会”前期组织工作的保密要求，也给气象保障预报工作的具体开展增加了难度；三是对于系统性强降水过程，预报准确率较高，而对于弱天气背景下午后局地突发性短时暴雨预报则较为困难；四是技术储备和基础设施与峰会保障需求还存在差距。

针对西安5月气候特征、技术基础和保障难点的现状分析，在中国气象局和陕西省委、省政府的坚强领导和周密部署下，在中国气象局各职能司和直属单位、各兄弟省（市、区）气象局、相关部门的大力支持下，国省、军地、区域、部门上下联动、多方协同，陕西省气象局主动作为，广大干部职工以高度的政治责任感、高标准的气象科技支撑、高质量的气象服务做好专项活动气象保障，有效发挥全国一盘棋作用。

二、应用实践

（一）推进气象社会服务现代化，优化发展环境，做到“有为有位”

坚决扛起政治责任，全面落实政治任务。陕西省委书记赵一德明确指示，要求成立气象保障任务执行团队，按“最高标准”做好人工影响天气和气象监测预报预警服务。中国气象局局长陈振林作出指示，要求树立全国一盘棋的思想，集全国气象部门之力做好峰会气象保障服务工作，争取最好的保障服务结果。陕西省气象局党组充分认识作为保障主体单位所肩负的政治责任，动员全省气象部门上下同心，切实将上级要求贯彻到峰会气象保障服务的全过程和各方面。

省委、省政府、省专项活动领导小组高位推动气象保障。省专项活动领导小组成立气象保障任务执行团队，是唯一由副省级领导担任组长的团队。4月21日，陕西省委书记赵一德与中国气象局局长陈振林通电话，商请中国气象局给予大力支持。省长赵刚多次听取汇报，并批示、指导气象保障工作。省委常委、西安市委书记方红卫，省委常委、省委秘书长王琳，副省长、西安代市长叶牛平等领导多次关心指导气象保障工作。副省长戴彬彬主持召开专题会议研究气象保障服务和人工消减雨方案。副省长钟洪江亲自挂帅、担任气象保障任务执行团队组长，两周内三次调研气象保障工作。省政府秘书长王海鹏、省委副秘书长石憬玫、省政府副秘书长贾锋、省委外办主任姚红娟也给予气象保障多方面的支持。

中国气象局举全国气象部门之力做好气象保障。中国气象局成立协调指导小组，提前3天启动特别工作状态，向陕西提供5个方面44项支持，派出13位国家级专家赴陕指导。峰会期间，陈振林局长亲自坐镇北京指挥。张祖强副局长专程赴陕现场调度，多次主持召开协调会、调度会。黎健总工多次参加国省天气会商并给予指导。中国气象局办公室印发《关于支援陕西省开展人工影响天气飞机作业的通知》，中国气象局应急减灾与公共服务司（简称减灾司）印发《专项活动气象保障服务工作方案》，中国气象综合观测司（简称观测司）组织陕西及周边6省加密高空气象探测。

陕西省气象局主动作为，提高站位。峰会是重大的国事、外事活动，陕西省气象局从战略和全局的高度认识峰会的重大意义，把做好峰会气象保障作为重大政治任务，主动向省委、省政府和中国气象局汇报，谋划开展气象保障工作。全程参加省领导小组会议，气象服务信息和建议直达决策层，及时了解需求和变化情况，有效把握重点，及时调整服务策略。通过主动作为、主动思考、自觉行动，让各工作组、执行团队理解气象不是简单提供预报，而是为峰会顺利举办提供全面保障，事关各环节、各团队、各工作组，有了气象保障会使工作更主动、更有效、更科学、更从容。

实例：4月8日，在省专项活动领导小组会议上，赵一德书记原则上同意省级领导任气象保障任务执行团队组长，明确指示：专项活动气象保障服务要按最高标准开展工作，省气象局要在中国气象局的领导和指导下开展，并要协调周边省份协同配合，省气象局与西安市气象局要一体化开展工作，请中国气象局给予大力支持。4月9日，省气象局副局长赵奎锋、总工杨文峰带队，省气象局相关单位负责人一行13人赴中国气象局，与相关职能司和国家级科研业务单位逐一沟通对接并确定44项支持事项。

各级气象部门主动请战，全员奋战。参与峰会保障的气象干部职工主动担当，克服时间紧、难度大、任务重的困难考验，争分夺秒地用45天出色完成了各项重点保障任务，创造了最短时间保障最高标准重大活动新纪录。

实例：自4月3日接到省专项活动领导小组任务后，省气象局立即行动、争分夺秒推进前期各项筹备工作，8天完成气象保障服务方案，10天完成人工消减雨工作方案、实施方案的编制论证，7天完成专项活动气象台和6个现场气象保障小队的组建和运行，14天完成30余套监测设备的调拨安装调试，25天完成44项支持事项的落地应用。

（二）运用“三动”机制，内外贯通、多方互动，做到“四个融入”

强化内部互动，做到左右互通。省气象局成立了专项活动气象保障服务领导小组及其办公室，设立综合协调工作组、数据采集工作组、预报预警工作组、气象服务工作组、人工影响天气保障工作组、后勤保障工作组、新闻宣传工作组、专项活动气象台、现场气象保障小队9个工作组，建立快速、简洁、高效的内部指挥运行体系。各工作组人员固定、职责确定、分工明确。

实例：在中国气象局气象探测中心的支援下，根据精准预报的需要和精细服务的需求，针对气象保障重点区域新增布设26套六要素自动气象站、5个激光测风雷达和微波辐射计等垂直探测设备，并为现场气象保障小队配备手持气象观测仪和卫星电话，提高机动气象观测能力。

强化对外互动，做到“四个融入”。建立融入式气象服务机制，全面融入专项活动工作体系、决策流程、现场保障和活动管理，党委政府和相关部门重视气象、支持气象、相信气象、应用气象，有效解决了气象部门单兵作战、部门间共享合作联动不足等问题。

一是融入专项活动工作体系。省专项活动领导小组成立气象保障任务执行团队后，团队全面融入13个工作组和10个执行团队工作，推动各部门建立以气象为先导的工作机制。抽调2名精兵强将入驻专项活动领导小组驻地开展集中办公，及时掌握专项活动最新决策部署。

二是融入专项活动决策流程。全程参加省专项活动领导小组高层会议，深度参与专项活动各项工作决策。建立面向省专项活动领导小组和省委省政府主要领导的信息直报机制，确保重要气象信息直达决策层。

实例：从5月8日到峰会结束，赵一德书记每天主持召开专项活动调度会，将气象与安保、防疫等作为关注的要事，气象成为领导小组决策部署和方案调整的重要依据。

三是融入专项活动现场保障。密切对接其他13个工作组和10个执行团队，主动对接并深入了解文艺演出、迎送仪式、城市环境布展等各环节的细化需求。强化实时互动和工作联动，指导各工作组和执行团队做好高影响天气应急预案和演练工作。

实例：气象团队组建7个现场气象保障小队，分别入驻大唐芙蓉园、西安咸阳国际机场、陕西宾馆、西安国际会议中心、西安易俗社、华清池、参访点7个重点活动现场，了解需求、对接情况、开展服务、沟通反馈，提供伴随式气象支撑，成效明显。并应外交部需求制作俄文专题预报产品。

四是融入专项活动管理。有效履行气象团队职责，积极参与、主动管理气象保障服务领域内的各项工作。

实例：4月22日，气象团队在专项活动气象台召开气象执行团队气象保障服务工作推进会，与省专项活动领导小组4个功能组、7个任务执行团队讨论需求和意见建议，细化工作任务，进一步强化共享联动。气象团队组织成立专项活动重点保障单位防雷安全检查组，印发文件开展6个关键场地及接待酒店的防雷安全检查，消除雷电安全隐患。

（三）推进气象科技能力现代化，上下联动、集中优势，全国一盘棋强化科技支撑

省部联动。赵一德书记专程与陈振林局长通电话，对气象部门专项活动气象保障工作表示肯定和感谢，请求中国气象局给予大力支持。陈振林局长表示举全国气象部门之力、全力以赴做好气象保障工作。

上下联动。中国气象局成立协调指导小组，提前3天启动特别工作状态，向陕西提供5个方面44项支持，派出13位国家级专家赴陕指导。峰会期间，陈振林局长亲自坐镇北京指挥。张祖强副局长专程赴陕现场调度，多次主持召开协调会、调度会。黎健总工多次参加国省天气会商并给予指导。中国气象局办公室印发《关于支援陕西省开展人工影响天气飞机作业的通知》，减灾司印发《专项活动气象保障服务工作方案》，观测司组织陕西及周边6省份加密高空气象探测。省气象局专门抽调相关直属单位、地（市）气象局青年和骨干人才50余人参与，充分利用重大活动这个"试金石"来历练基层人才。

业务联动。聚焦实际需求，建立以需求为导向的业务协同发展机制，打通观测、预报、服务等业务板块间的合作链条，使得新增的观测能力和预报产品都更加聚焦峰会保障需求。中国气象局各职能司和直属单位给予陕西协调指导和鼎力支持，雷达、卫星和各类现代化气象监测设备支撑有力，27小时逐小时的精细化短临预警产品、冬奥百米级分钟级预报技术让峰会预报预警更加精准。开发"天衡天衍——陕西专项活动保障天气实况监测"专版，让服务和决策人员更加生动直观地了解到各区域的实况天气，更直接发挥监测精密支撑保障预报精准和服务精细的作用。

实例：中央气象台第一时间增派强对流天气预报首席来陕指导，快速提供STNF关键点、短临网格降水、分类强对流短时短期预报等各类产品，在精细预报服务、天气会商中发挥了重要支撑作用。国家气象信息中心研制"天擎实况陕西版"，首次在省级完成部署，为省人工影响天气中心定制了实况专题，新增西安地区1千米网格强对流实况图形产品。中国气象局气象探测中心研发"陕西专项活动保障天气实况监测系统"，第一时间集成西安最新建设的云雷达、微波辐射计、激光测风雷达等新型垂直观测产品，以及三维反演风场、三维融合格点场、三维天气沙盘等优势产品，为专项活动保障提供快速高效、高质量

的观测实况监测服务。中国气象局人工影响天气中心将区域人工影响天气工程最新成果快速更新的人工影响天气作业条件分析系统和精细化产品应用到临近作业条件研判中，为人工影响天气作业方案设计提供了技术支持。北京市气象局冬奥百米级预报产品在峰会保障中得到了应用。

军地联动。成立跨省份、跨部门的人工消减雨工作专班和联合指挥中心。各兄弟省份气象局集结了优势的作业力量和顶级的专家全力驰援，调派 8 架人工影响天气作业飞机和地面作业力量协作配合，组织开展气象加密探空和雷达监测。省专项活动领导小组各工作组、执行团队密切配合，在现场保障人员入驻、观测设备安装及证件办理方面给予大力支持。人工消减雨联合指挥中心各成员单位履职尽责，建立空域和地面临时作业点审批“绿色通道”。各市（区）政府也成立了相应工作机构，全力做好人工消减雨各项工作。

党建业务联动。将峰会气象保障与主题教育有机结合，作为“学思想　强党性　重实践　建新功”的重要实践。成立专项活动气象台和人工消减雨专班临时党支部和党小组，开展“气象保障服务之星”评选活动，动员全省气象部门各级党组织和广大党员干部带头发扬连续作战、不怕疲劳的工作作风。

实例：省气象局成立专项活动气象台和人工消减雨专班 2 个临时党支部和 20 个党小组，209 名党员积极投身峰会气象保障专班，开展“气象保障服务之星”评选活动，充分发挥党支部的战斗堡垒作用和党员的先锋模范作用。

三、取得成效与经验启示

（一）工作成效

峰会气象保障服务高效及时、精准到位，创下了最短时间成功保障最高规格国事活动的新纪录。赵一德书记赞赏气象部门保障有力，并对大家的辛苦付出表示感谢。陈振林局长给予高度评价，认为这是一次国省联动、跨区域协作的气象保障成功范例，要求其他重大活动保障向陕西看齐。省委外办主任姚红娟对气象部门表示感谢，认为气象部门立了大功，这样的天气已载入史册。各工作组、执行团队以及相关演职人员、安保人员、媒体记者都对精准、高效的气象保障服务给予充分肯定。

（二）经验启示

峰会气象保障规格级别高、保密要求严、活动场所多、保障周期长、筹备时间短、天气形势复杂，全国气象部门齐心助力峰会圆满举办，总结成功的经验主要包括：**一是坚持党的领导和党建引领。**中国气象局党组、陕西省委、省政府坚强领导，党支部的战斗堡垒作用和党员的先锋模范作用充分发挥，是气象保障成功的保证。**二是坚持推进气象科技能力现代化，不断提高科技水平。**强化国家级业务单位的先进技术、产品的落地、应用，雷达卫星、数值预报、冬奥百米级分钟预报等气象现代化成果广泛应用，是气象保障成功的支撑。**三是坚持推进气象社会服务现代化，不断优化发展环境，提升服务质效。**发挥全国一盘棋作用，国省、军地、区域上下联动、多方协同、高效运行，是气象保障成功的前提。开展融入式服务，全面融入专项活动工作体系、决策流程、现场保障和活动管理，提高服务的针对性、科学性、有效性，是气象保障成功的关键。

迅速响应　全程保障
气象服务为抗震救灾保驾护航

甘肃省气象局

丁　宇　马敬霞　史志娟

2023年12月18日23时59分30秒在甘肃省临夏州积石山县（北纬35.70度，东经102.79度）发生6.2级地震，震源深度10千米。地震发生后，气象部门迅速响应，高度重视并强化应急气象服务工作，为抗震救灾提供强有力的气象服务保障。

一、气象部门应急响应情况

（一）迅速到岗，精心组织

地震发生后，甘肃省气象局应急工作领导小组主要成员10分钟内到岗部署；30分钟内成立预报服务专班、组织摸排地震影响情况；50分钟内上报重大突发事件报告、发布首期震区专题天气预报；1小时内进入特别工作状态，省气象局党组书记、局长杨兴国赶赴积石山县开展气象应急保障工作；10小时内完成震区受损气象装备的修复。

（二）启动响应，专项保障

省气象局于12月19日01时立即启动抗震救灾应急响应特别工作状态。省抗震救灾指挥部启动Ⅱ级地震应急响应后，省气象局同时进入Ⅱ级气象保障应急响应状态，组织临夏、甘南、兰州、白银、天水、定西、陇南等市（州）气象局进行设备及震损排查。加密国、省、市天气会商，逐6小时发布专题预报。

（三）应急救援，抢修设备

12月19日上午，省气象局派出应急救援小分队赶赴震区开展气象仪器设备排查及人工影响天气作业点检查评估工作。19日10时受影响的积石山县大河家、银川和广河祁家集等3个气象区域站已经恢复正常运行。

（四）统筹调度，有序救灾

中国气象局党组第一时间电话了解受灾情况，指导开展抗震救灾气象保障服务。省气象局每日召开抗震救灾气象保障调度会，根据应急救援阶段性工作，及时调整气象保障服务工作重点。省气象局印发《甘肃省气象局关于做好抗震救灾工作的通知》，要求震区气象部门认真落实抗震救灾应急响应各项工作要求；制定《甘肃省气象局积石山县6.2级地震灾害救援气象服务保障工作方案》，明确各应急小组职责和流程，提升应急工作效率。向中国气象局报送重大突发事件报告5期、应急响应工作日报告20期，向省抗震办公室报送重大气象保障（地震）Ⅱ级应急响应工作日报告24期。指导临夏州气象局派驻积石山县的驻村干部积极帮助群众开展自救，有序组织人员摸排、灾情调查、群众安置等工作。临夏等市（州）气象局全面排查部门受灾和气象业务运行情况，针对抗震救灾指挥部要求开展有针对性的气象服务。

二、气象服务保障情况

（一）上下一心，做实做细抗震救灾气象服务保障

中国气象局启动Ⅱ级气象保障应急响应，组织国家级业务单位全力保障甘肃抗震救灾气象服务工作。甘肃省气象局和临夏州气象局共同组成现场气象保障服务领导小组，成立以省级首席专家为核心的预报服务专班，全面开展低温、积雪、大风等高影响天气的气象预报决策服务。共发布《甘肃临夏震区气候背景及延伸期预测》1期、震区专题天气预报55期、交通保畅气象专题53期、能源保供气象专题57期、穿衣指数气象专题49期，及时提供最新天气实况和预报，切实为抗震救灾及灾后重建提供有力的气象保障服务。

（二）主动发声，积极做好抗震救灾气象服务宣传

省气象局及时通过全媒体向社会公众发布天气预报预警信息，组织专家回应社会关切。兰州中心气象台首席预报员与央视新闻视频连线1次，交通广播电台通话1次，在中国气象视频号、甘肃卫视、兰州电视台等播报震区天气预报，在中国气象局官网、中国气象微信公众号、甘肃卫视、甘肃公共频道对震区天气进行解读，插播精细化天气预报节目42期。在今日头条、新甘肃、奔流新闻、甘肃新闻综合广播、《甘肃日报》等省级主流媒体推送抗震救灾气象服务情况及科普文章83篇、短视频69个，通过微信公众号发布各类资讯35条。

（三）创新赋能，为抗震救灾提供气象科技支撑

地震发生后，在中国气象局支持下，甘肃省气象局第一时间在大禹广场、大墩峡安置点、柳沟安置点、刘集安置点架设4个应急气象站，为抗震救灾提供更精准、精细的气象实况观测数据。中央气象台加强指导，甘肃省、临夏州气象台联合会商，滚动更新震区天气实况和预报。针对灾后受损无法正常传输资料的气象区域站，省气象局联合国家气象信息中心、中国气象局气象探测中心、国家卫星气象中心对数据中断站点及震源中心虚拟站点采用多元融合技术逐小时进行插补数据。在甘肃气象业务内网开发震区气象要素实况监控模块，开发震区区域站监测数据报警微信小程序，对接国家气象信息中心向临夏州气象局开放积石山县数据实时传输监控信息，实时监控灾区气象数据。

（四）冲锋在前，充分发挥党员先锋模范作用

省、州业务骨干组成抢险小分队，第一时间赶赴震区开展气象装备排查和通信故障维护，确保气象业务正常运行；省、州气象台及时开展加密天气会商，震后50分钟就对外发布第一期震区专题天气预报；驻村干部担当作为，安抚群众情绪、组织开展自救。12月20日下午，省气象局发出“抗震救灾　风雨同舟”倡议书，要求各级党组织充分发挥战斗堡垒作用和党员的先锋模范作用，把主题教育成果转化为抗震救灾强大动力，积极响应省直机关工作委员会号召，组织省局干部职工向灾区捐款近8万元。

三、气象防灾减灾效益

临夏州积石山县6.2级地震发生后，甘肃省气象局积极落实习近平总书记对低温雨雪

冰冻灾害防范应对工作的重要指示精神和“温暖过冬”要求，快速应急联动，针对低温、积雪、吹风等高影响天气积极开展专题气象服务保障，开展板房内温度及取暖用煤需求预报服务，充分满足了震区受灾群众实际需求，全力保障受灾群众温暖过冬，切实为抗震救灾及灾后重建提供了有力的气象保障服务。

精准发力　多元化服务青南牧区雷电灾害防御

青海省气象局

李万志　马海玲　祁门紫仪　余　迪　石代鑫

一、基本情况

在全球气候变暖背景下，青海省强对流天气频发，2022 年全省共发生雷电灾害 24 起，造成 22 人死亡，雷击事件发生频次和人员伤亡数为近 10 年来最多。2023 年，为减轻雷电灾害造成的损失，青海省委、省政府和中国气象局各级领导高度重视，针对雷击事件多次作出重要指示批示，要求全省各级政府及气象部门要充分发挥“党委领导、政府主导、部门联动、社会参与”的气象灾害防御机制作用，坚持“人民至上、生命至上”理念，“加强预报预警，以案例进行宣传教育，增强防范意识，确保人民群众生命财产安全”。青海省气象局高度重视，切实履行职责，全力开展雷电灾害防御工作，2023 年虫草（即冬虫夏草）采挖季期间雷击起数、死亡人数、受伤人数三下降，获吴晓军省长充分肯定。

二、监测预报预警情况

（一）青南地区雷电特征

1. 雷电发生空间分布

根据青海省闪电定位资料显示，全省地闪密度最高值主要出现在平均海拔 4500 米以上的青南地区，其中地闪密度的高值区主要位于玉树藏族自治州（简称玉树州）的玉树市、囊谦县、杂多县和治多县的东部地区以及果洛州的班玛县和久治县（图 1a）。从闪电强度来看，玉树州治多县中部、曲麻莱县西部以及果洛州甘德县南部、久治县北部、玛沁县东部、治多县中部易发生高强度闪电（图 1b）。

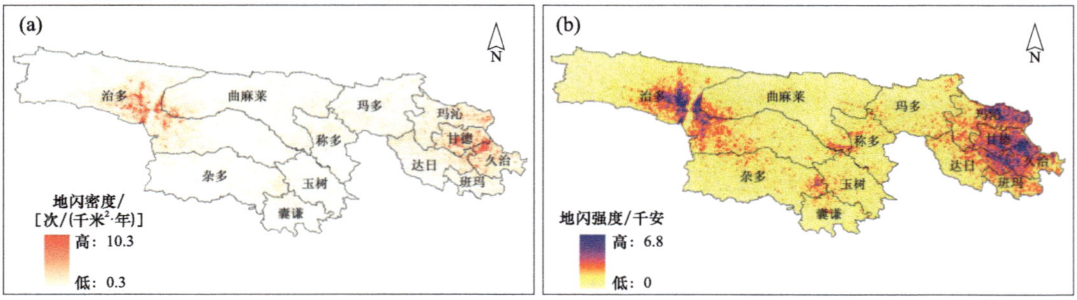

图 1　2014—2021 年青南地区地闪密度（a）和地闪强度空间分布（b）

2. 雷电发生时间分布

从地闪频次发生时间变化来看，青南地区闪电是从 3 月开始，11 月结束，6—9 月是闪电高发期，其中 8 月、9 月是闪电频次峰值期，11 月最少。从日变化来看，雷电在当日 00—12 时发生较少，13 时开始地闪频次增加，至 17 时地闪频次达到峰值，随后开始减少（图 2）。

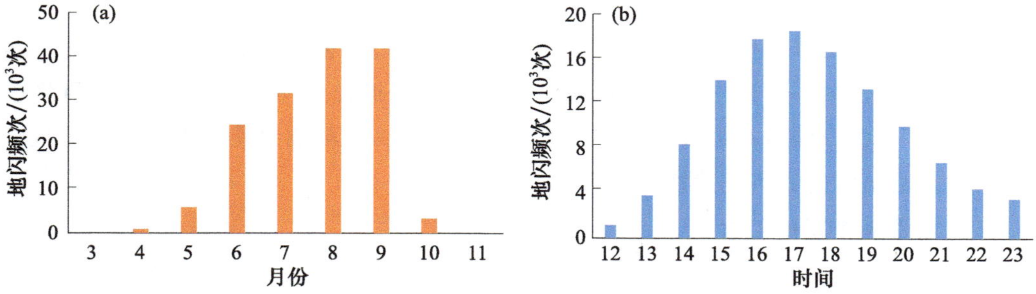

图 2　2014—2021 年青南地区闪电频次月分布（a）和日分布情况（b）

（二）雷电灾害成因

通过对比发现，虫草适宜生长环境和雷电易发环境具有很高的相似性。在海拔高度上，虫草生长适宜区和雷电灾害易发区在 4000～4800 米，由于气候变暖导致冰川冻土融化、雪线上升，虫草生长适宜地域范围向高海拔迁移且更加集中，使虫草采挖人员多处于雷电高发区（表 1）。同时虫草采挖点多为空旷地区，无躲避场所和保护措施，这些都增加了虫草采挖人员遭受雷击的概率。

表 1　虫草生长环境与雷电灾害易发环境对比

适宜性	海拔高度/米	坡度/（°）	坡向
虫草生长适宜区	4000～4800	20～35	高山阴坡或半阴半阳坡
雷电易发区	4000～4800	0～35	东北坡（阴坡）

（三）雷电灾害致灾危险性分析

对虫草采挖季雷电灾害致灾危险性进行分析得出，玉树市南部、杂多东部及囊谦为雷电灾害的高危险区（图 3a）。甘德大部、久治西部、班玛北部、玛沁中部为雷电灾害的高危险区（图 3b）。

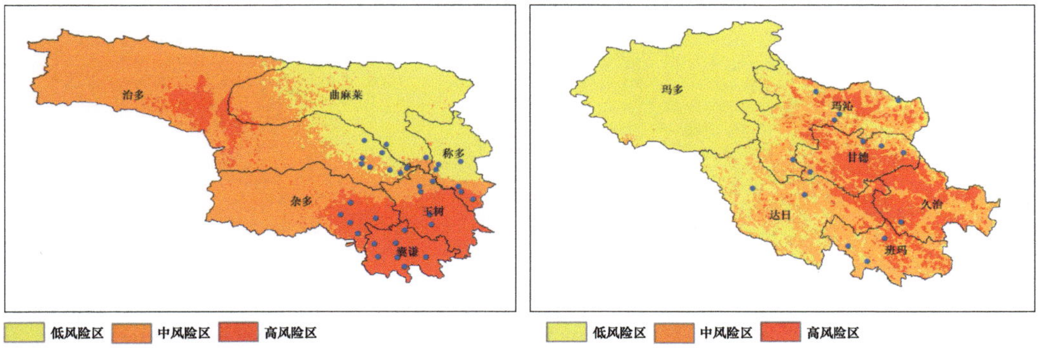

（a）2023年玉树州虫草采挖季雷电灾害致灾危险性分析　（b）果洛州虫草采挖季雷电灾害致灾危险性分析

图 3　2023 年玉树（a）、果洛（b）虫草采挖季雷电灾害致灾危险性分析

三、气象服务情况

（一）发布决策服务产品

针对青南地区虫草采挖季雷电灾害高发区高发期雷击灾害频发的现状主动作为，编制了《青南地区（玉树、果洛）虫草采挖季雷电灾害分析报告》，对青南地区雷击事件多发的成因进行了分析，同时在虫草采挖季开始前制作发布《虫草集中采挖季雷电灾害危险性分析报告》，给出雷电灾害危险性较高的地区。

（二）加强科普宣传工作

青海省气象局选派专家先后赴玉树、海北、果洛、海西等 4 个州、7 个县、2 个乡村及虫草采挖点，面向机关干部、农牧民群众、中小学师生、生产管理者、虫草采挖人员等不同群体开展科普讲座、发放科普宣传材料等宣传活动，选派专家深入一线，开展汉藏双语雷电灾害防御知识讲座 17 场次，发放科普材料 3000 余份，受众 1330 人次，切实提高牧区群众防雷避灾意识和水平，充分体现了“党委领导、政府主导、部门联动、社会参与”的防灾减灾效益。

四、气象防灾减灾效益

2023 年青南牧区虫草采挖季防雷减灾工作取得较好的实效，其中向省委、省政府报送的决策咨询报告《青南地区（玉树、果洛）虫草采挖季雷电灾害分析报告》，获吴晓军省长批示。联合地方气象部门编制发布《虫草集中采挖季雷电灾害危险性分析报告》，给出雷电灾害危险性较高的地区，提出对策建议，为决策部门做好虫草采挖季雷电灾害防御工作提供决策支撑。组织推荐的科普作品《农村牧区雷电防御手册（汉藏蒙文对照）》入选“2022 年度全国优秀科普作品”，实现了青海省该奖项零的突破，并在防雷科普中发挥效益。组织开展的“高原农村牧区雷电灾害防御科普作品下基层活动”入选中国气象局“2023 年气象科技活动周优秀活动”，成为青海省唯一入选该奖项的活动。

国省联动　精细服务　保障十六运会精彩圆满

宁夏回族自治区气象局

朱永宁　李　婷　吴　科

一、基本情况

2023 年 6 月 16—24 日，宁夏回族自治区第十六届运动会（以下简称“十六运会”）在宁夏中卫成功举办。本届运动会是全区规模最大、影响最广、参与人员最多的一次综合性体育盛会，备受社会各界关注。宁夏回族自治区气象局（简称宁夏气象局）以习近平新时代中国特色社会主义思想和党的二十大精神为根本遵循，坚持“人民至上、生命至上”的理念和“创新、绿色、节俭、廉洁、安全”的办会原则，中国气象局局长陈振林、副局长张祖强等多次指导十六运会气象保障服务工作，自治区党委常委买彦州、自治区政府副主席马宗保高位推动，宁夏气象局被纳入十六运会筹（组）委会成员单位。按照中国气象局和宁夏回族自治区党委政府的安排部署，宁夏气象局认真履行组委会成员单位职责，对标“监测精密、预报精准、服务精细”工作要求，积极主动争取中国气象局支持帮助，国省联动，扎实做好十六运会气象保障服务工作，有力保障了各项赛事和开闭幕式安全精彩圆满。

二、精密监测、精准预报、精细服务，气象保障十六运会精彩圆满

（一）国省联动，十六运会气象保障科技能力现代化水平明显提升

宁夏气象局积极争取中国气象局和兄弟省份气象部门的支持，主要领导和分管领导多次带队赴中国气象局国家气象中心、国家卫星气象中心等直属单位，陕西省气象局、甘肃省气象局、江苏省气象局等兄弟省份，学习借鉴北京冬奥会、全国十四运会、陕西省十七运会、甘肃省十五运会等大型赛事气象保障服务成功经验，引进先进技术。推进协调各项工作，中央气象台于开（闭）幕式当日与十六运会气象台连线进行专题会商。宁夏与位于宁夏上游的甘肃、青海、内蒙古等 3 省（区）共 4 个探空站点共同开展加密观测。风云四号 B 星快速成像仪对宁夏进行快速扫描。开放“天衡天衍”系统宁夏模块，制作综合气象监测快报。引进中国气象局逐 10 分钟滚动更新的未来 2 小时降水预报、风云地球平台、灾害天气短临预报预警系统 SWAN3.0、ROSE 、冬奥技术（STNF）等。在各项技术的支撑下，十六运会气象服务得以圆满完成。

（二）精心谋划部署，集全区之力夯实保障服务基础

宁夏气象局提前谋划、精心部署，局领导带队多次到中卫市现场指导。成立十六运会气象保障服务工作领导小组，先后召开 10 余次会议安排工作（图 1）。印发《十六运会气象保障服务总体工作方案》《十六运会气象灾害应急预案》等文件。始终贯彻“全区一盘棋”的思路，抽调全区骨干 19 人，2022 年 7 月组建十六运会气象台，充分利用区级首席、副首席以及宁夏气象部门“623”人才优势，对引进的各项技术及时进行本地化应用。组织开展了 8

次专项培训和 3 次演练，下发工作任务单 7 期，编制《工作动态》9 期，同时利用葡萄酒文化旅游博览会等重大活动锻炼队伍、完善技术，扎实做好准备，夯实服务基础。

图 1　十六运会气象保障服务工作临战动员会

（三）确保“八个到位”，做实做细赛事气象保障服务

6 月 15—25 日全区气象部门进入特别工作状态，“前店后厂”开展气象保障服务（图 2），“前店”了解需求、掌握实况，“后厂”统一高效制作，做到“组织、制度、思想、技术、装备、人员、应急、保障”八个到位。抽调 3 名区级骨干赴中卫支援工作，提前对场馆周边 20 套自动气象站检修，调集全区 6 套移动气象站、2 台应急保障车强化精密监测。成立“党员突击队”，发挥党员先锋模范作用。选派 1 名骨干常驻执委会办公室进行现场服务。与执委会信息保障部联合建立赛事官方微信小程序气象服务模块，还将各部室、竞委会的应急联络人纳入预警信息发布群组，确保预警信息及时传播。

图 2　十六运会现场气象保障服务

（四）“一赛一策”挂图作战，提供针对性、个性化气象服务

细化赛事气象服务内容，“一赛一策”、挂图作战。每项比赛均安排现场保障团队，制作分赛事、分场馆、分天气的气象服务产品。网球、足球竞委会根据气象服务信息及时调整赛程，有效规避了不利天气，彰显了气象服务体育赛事尤其是户外赛事的重要性和必要性，裁判长表示“我对气象服务保障非常满意”。每日晨例会、晚总结，有力有序开展工作，共发布高影响天气专报 4 期、开闭幕式专报 21 期、赛事服务专报 438 期。

（五）密切关注天气演变，及时预报预警服务，助力开闭幕式安全精彩

宁夏气象局领导在开幕式前一天到中卫市实地检查指导，移动气象台提前 5 天进驻主场馆监测天气。提前 7 天、2 天向执委会、开幕式导演组报送逐日、逐小时气象服务专报。开幕式当天，重点针对大风进行监测预报，现场气象台向中卫市市长马洪海直通式汇报 2 次，向导演组服务 3 次，为开幕式烟花秀以及分会场的户外活动提供了高质量决策支撑。闭幕式当天，针对可能出现的雷雨天气向中卫市领导、执委会和导演组直通式服务 5 次，及时发布雷电、暴雨预警信号，有力保障闭幕式顺利举办。

三、取得的成效

十六运会气象服务效果良好，自治区体育局和中卫市政府在十六运会总结报告中将“首次全方位开展气象信息服务保障”作为赛会创新亮点之一，中卫市委、市政府以及自治区体育局会后发来感谢信（图 3），裁判员、运动员和社会公众也对气象保障服务表示满意。宁夏气象局对十六运会气象保障服务工作进行复盘总结，从工作统筹、预报预警、服务流程等方面进行复盘，取得的主要收获和经验如下。

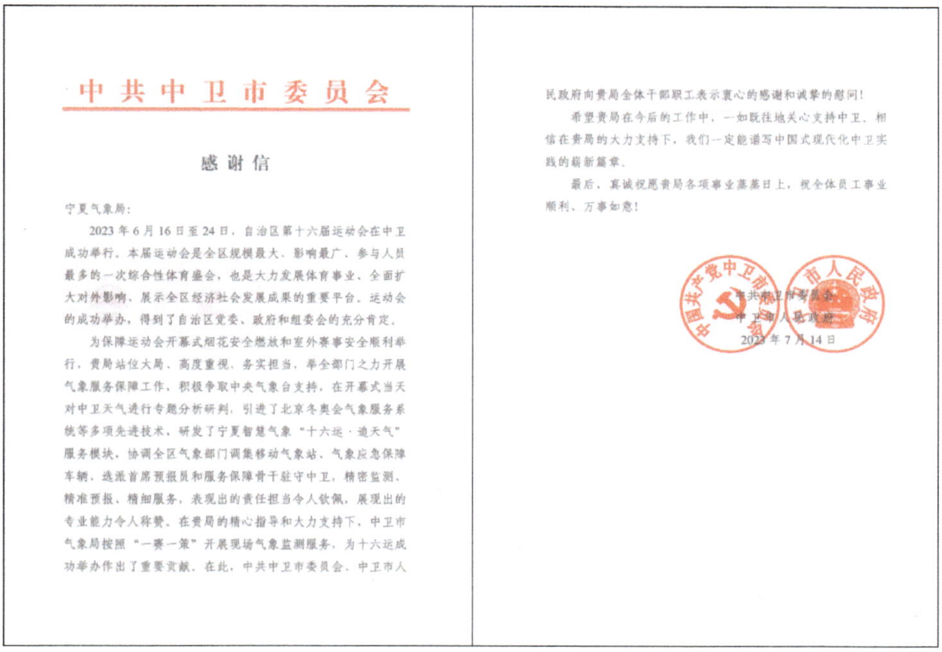

中共中卫市委员会

感谢信

宁夏气象局：

2023 年 6 月 16 日至 24 日，自治区第十六届运动会在中卫成功举行。本届运动会是全区规模最大、影响最广、参与人员最多的一次综合性体育盛会，也是大力发展体育事业、全面扩大对外影响、展示全区经济社会发展成果的重要平台。运动会的成功举办，得到了自治区党委、政府和组委会的充分肯定。

为保障运动会开幕式烟花安全燃放和室外赛事安全顺利举行，贵局站位大局、高度重视、务实担当，举全部门之力开展气象服务保障工作，积极争取中央气象台支持，在开幕式当天对中卫天气进行专题分析研判，引进了北京冬奥会气象服务系统等多项先进技术，研发了宁夏智慧气象“十六运·追天气”服务模块，协调全区气象部门调集移动气象站、气象应急保障车辆、选派首席预报员和服务保障骨干驻守中卫，精密监测、精准预报、精细服务，表现出的责任担当令人钦佩，展现出的专业能力令人称赞。在贵局的精心指导和大力支持下，中卫市气象局按照“一赛一策”开展现场气象监测服务，为十六运成功举办作出了重要贡献。在此，中共中卫市委员会、中卫市人民政府向贵局全体干部职工表示衷心的感谢和诚挚的慰问！

希望贵局在今后的工作中，一如既往地关心支持中卫，相信在贵局的大力支持下，我们一定能谱写中国式现代化中卫实践的崭新篇章。

最后，真诚祝愿贵局各项事业蒸蒸日上，祝全体员工事业顺利、万事如意！

中共中卫市委员会

中卫市人民政府

2023 年 7 月 14 日

图 3　中卫市市委、市政府向宁夏气象局发来感谢信

一是中国气象局和宁夏回族自治区党委政府的坚强领导以及中国气象局各直属单位、周边兄弟省份全力支持、互相配合，是气象保障服务成功的保证。

二是借十六运会保障服务的机会，中卫新一代天气雷达获批建设。积极争取中国气象局大力支持，获得先进技术10项，已投入业务运行，气象业务服务软件、硬件能力双提升。同时锻炼了队伍，全区气象业务骨干监测预报服务的能力得到进一步提升。

三是形成了一套可以长期使用的大型活动保障机制，“国省联动”“全区一盘棋”的思路、“前店后厂”的模式成效显著，在技术、人员、装备等方面形成前后、上下、左右协同联动的强大合力，“一盘棋”统筹推进、有效解决了“单兵作战”实力弱的问题，提高综合服务保障工作能力。机制更趋成熟，可以推广使用。

四是气象保障服务与党员主题教育结合，促进了党建业务融合，“两手抓、两促进”，“党员突击队”在保障服务工作中“重实践、建新功”，战斗堡垒作用和先锋模范作用在气象业务服务中得到彰显。

库车天山神秘大峡谷短时强降水诱发山洪气象服务案例

新疆维吾尔自治区阿克苏地区气象局

康　娟　陈　丹　彭江良

2023 年 6 月 17 日，新疆库车强降水引发山洪灾害，库车市气象局践行“生命安全、生产发展、生活富裕、生态良好”的战略定位，坚持贯彻新发展理念，融入新发展格局，坚持科技创新引领，以“发挥气象防灾减灾第一道防线作用”为新时代气象事业发展战略，在“6·17”库车天山神秘大峡谷（以下简称“大峡谷”）景区短时强降水诱发的山洪次生灾害中，做到了早预警、早通知、早服务，多部门应急联动，使游客提前撤离，无人员伤亡，未造成重大的舆情事件，同时受到库车市党政主要负责人，应急管理局、渭干河流域管理局、自然资源局、文旅局、水利局及下游企业等相关单位的赞赏。

一、基本情况

受巴尔喀什湖低槽分裂短波的影响，2023 年 6 月 17 日午后，库车市大峡谷周边出现强对流天气，在 42 分钟的时间内出现了 23.1 毫米的短时强降水，降水迅速汇集，形成山洪冲向大峡谷，造成峡谷山洪（图 1）。此次天气事件中，库车市气象局严密监测天气变化，提前发布预警，及时“叫应”市委主要领导及大峡谷景区负责人，建议景区负责人停止售票、安排工作人员引导游客疏散，山洪未造成人员伤亡和财产损失。

图 1　2023 年 6 月 17 日库车市大峡谷山洪

二、监测预报预警情况

（一）天气监测预报情况

6月进入主汛期，对流天气频发，库车市气象服务人员坚持24小时在岗在位，局领导严格执行带班制度，严密监测天气变化，对此次天气过程做到了提前预报、及时预警、跟踪服务、“叫应”联动。

6月12日阿克苏地区气象台发布的周报中提到“17—18日：晴间多云，气温回升，风力3～4级，午后到夜间北部山区将有短时阵雨，请注意预防高温融雪及短时强降雨引发的混合型洪水等地质灾害”。

6月17日11时30分阿克苏地区气象台重点发言，提到“近期地区北部短波活动频繁，今日午后对流潜势明显，需警惕北部山区短时强降水与高温融雪叠加效应引发的山洪灾害”。

6月17日13时，库车市气象局预报员经过对当天气象资料分析，得出北部存在冷暖空气汇合态势，“午后北部山区发生短时强降水、暴雨的可能性较大”的结论（见图2）。

阿克苏 30℃/17℃

中国气象局

首页 机构设置 新闻资讯 政务公开 政务服务 交流互动 气象服务

当前位置：首页 > 气象要闻

新疆库车神秘大峡谷景区——
千余名游客“跑赢”突发洪水

发布时间：2023年07月04日 来源：中国气象报社 【字体：大 中 小】 打印本页 分享

6月20日，新疆维吾尔自治区库车市神秘大峡谷景区游人如织，景区大屏滚动播放着“如何躲避山洪并有序撤离”的科普视频。在峡谷两侧，由泥浆冲刷而出的凹痕隐约可见，那是几天前的暴雨山洪留下的痕迹。

时间倒回至6月17日。这天恰是“网红公路”独库公路开通第一天，作为独库公路翻越天山进入南疆的第一景，库车市神秘大峡谷游客量激增。售票中心数据显示，当日9时至17时已售门票超过4000张。

17日8时，正在值班的库车市气象台预报员彭江良发现，受巴尔喀什湖附近短波槽影响，本市北部存在冷暖空气在大峡谷附近汇合态势。他马上拿起电话，告知神秘大峡谷景区经理刘永华：今天可能有强对流天气影响景区和游客安全，要做好相关准备。

当日12时52分，自治区气象台值班预报员王江在发布《全疆强对流短时预报》时，也捕捉到阿克苏靠库车市山区方向有强对流云团移动。他立即连线阿克苏地区、库车市气象台进行会商，得出“午后北部山区发生短时强降水、暴雨的可能性较大”的结论。

图2　中国气象局相关新闻报道

（二）天气预警情况

6月17日午后阿克苏地区西部、北部、东部陆续出现对流云团，地区气象台及各县（市）气象局值班员严格值班值守，严密监视对流系统演变。库车市气象局领导和值班员充分发挥主观能动性，及时把握对流系统发展趋势，分别于17时27分发布雷电黄色预警信号、17时51分发布冰雹橙色预警信号、18时06分发布暴雨橙色预警信号。预警中重点提到“阿格乡及附近区域（即大峡谷附近）将有雷电、局地冰雹、短时强降水、阵风等强对流天气，需警惕降雨汇集造成山体滑坡、山洪、泥石流等地质灾害，请相关部门做好防御工作”。

（三）电话“叫应”情况

在此次强对流天气过程中，从日常天气会商重点提示到雷达、实况监测、预报预警、叫应环节，区、地、县气象局三级上下联动作用充分发挥（图3、图4）。

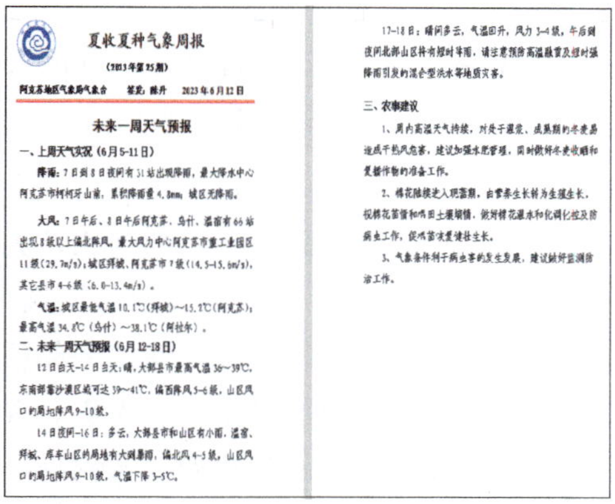

夏收夏种气象周报

（2023年第25期）

阿克苏地区气象局气象台　　签发：陈升　　2023年6月12日

未来一周天气预报

一、上周天气实况（6月5-11日）

降雨： 7日到8日夜间有31站出现降雨，最大降水中心阿克苏市柯柯牙山前，累积降雨量4.8mm；城区无降雨。

大风： 7日午后、8日午后阿克苏、乌什、温宿有66站出现8级以上偏北阵风，最大风力中心阿克苏市重工业园区11级（29.7m/s）；城区拜城、阿克苏市7级（14.5-15.6m/s），其它县市4-6级（6.0-13.4m/s）。

气温： 城区最低气温10.1℃（拜城）~15.2℃（阿克苏）；最高气温34.8℃（乌什）~38.1℃（阿拉尔）。

二、未来一周天气预报（6月12-18日）

12日白天-14日白天：晴，大部县市最高气温36~39℃，东南部靠沙漠区域可达39~41℃，偏西阵风5-6级，山区风口的局地阵风9-10级。

14日夜间-16日：多云，大部县市和山区有小雨，温宿、拜城、库车山区的局地有大到暴雨，偏北风4-5级，山区风口的局地阵风9-10级，气温下降3-5℃。

17-18日：晴间多云，气温回升，风力3-4级，午后到夜间北部山区将有短时阵雨，请注意预防高温融雪及短时强降雨引发的混合型洪水等地质灾害。

三、农事建议

1、周内高温天气持续，对处于灌浆、成熟期的冬麦易造成干热风危害，建议加强水肥管理，同时做好冬麦收晒和复播作物的准备工作。

2、棉花陆续进入现蕾期，由营养生长转为生殖生长，视棉花苗情和墒田土壤墒情，做好棉花灌水和化调化控及防病虫工作，促棉苗恢复健壮生长。

3、气象条件利于病虫害的发生发展，建议做好监测防治工作。

图3　6月12日发布周报

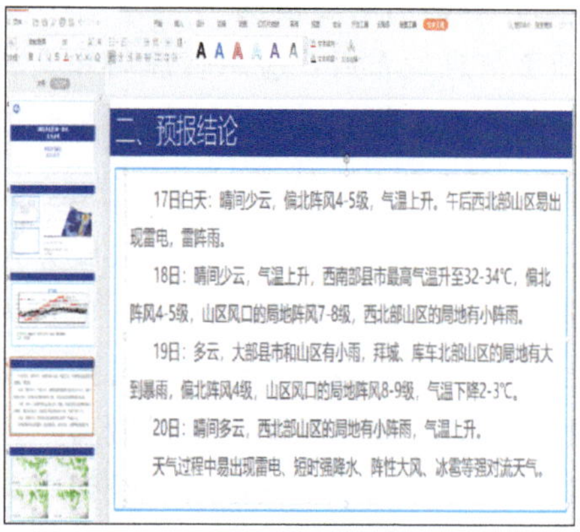

图4　区地县会商发言

6月17日13时，经分析得出“北部山区发生短时强降水、暴雨的可能性较大”的结论，立即告知大峡谷景区经理刘永华：“今天可能有强对流天气影响景区和游客安全，请做好相关准备。”天气来临前，库车市气象局于17时32分—18时17分别“叫应”了市委书记、大峡谷景区、文旅局、大龙池、应急管理局、自然资源局等分管安全生产的负责人，提醒做好应急防范工作。

三、气象服务情况

（一）积极做好强降雨天气决策服务工作

针对6月17日天气过程，地县两级气象局提前5天发布了极端降雨天气周报1期，区、市、县三级上下联动1次，库车市气象局发布预警信号3期。气象局领导积极主动汇报天气过程，做好天气跟踪服务，提出应急措施和建议，得到领导好评。

（二）预警信息发布情况

库车市气象台通过一体化平台、微信群、短信、国家突发事件预警信息发布系统等多种方式向社会公众发布预报、预警等服务信息（图5），此次发布预警信息近1.8万人次。

图5　库车市气象局与应急管理局和景区保持密切沟通

（三）各部门响应情况

预警信息发布后，应急管理局和文旅局接到气象局“叫应”，共同商讨了景区安全问题，果断采取了停止售票、疏散游客措施，最大限度保障了游客的生命和财产安全。

四、气象防灾减灾效益

此次天气过程中，库车市气象服务人员坚持“人民至上、生命至上”的理念，充分发挥气象防灾减灾第一道防线作用，值班人员在重大灾害性天气过程中做到全员在岗值守，严密监测天气，发现灾害性天气苗头，及时“叫应”重点应急责任人员，促使多部门积极应急联动处置，使景区游客及时撤离，实现无伤亡，影响区域的重点企业、煤矿、道路和河流险工险段等均未出现险情，受到库车市党政主要负责人，应急管理局、文旅局、水利局等相关部门的一致好评。

“23·7”华北极端暴雨气象预报服务

国家气象中心

王文峰　张芳华　杨　琨

2023年7月29日至8月1日，京津冀出现历史罕见的极端强降水（简称“23·7”华北极端暴雨）。期间适逢大运会开幕式气象保障，国家气象中心深入贯彻习近平总书记关于防汛救灾和对气象工作的重要批示指示精神，全面落实中国气象局党组工作部署，发扬铁军精神，连续多线作战，以非常之举应对非常天气，成功完成了预报预警服务工作，并于8月11日和24日分别组织了工作和技术复盘。

一、基本情况

受台风“杜苏芮”减弱后的残余环流及地形等因素影响，2023年7月29日至8月1日，京津冀出现极端强降雨过程。持续时间长，历时近4天，特别是北京持续达83小时，超过华北史上三次极端暴雨过程（1996年“96·8”的44小时、2012年“7·21”的20小时、2016年“7·19”的55小时）。累计雨量大，北京西南部、河北中部和西南部等地累计降雨量350～600毫米，局地700～800毫米，接近年降雨量（图1）。河北邢台临城县最大累计降雨量超过1000毫米，约为常年降雨量的2倍；北京市过程平均降雨量276.5毫米和最大降雨量744.8毫米、河北省过程平均降雨量153.2毫米和最大降雨量1003毫米，均超过了华北史上三次极端暴雨过程，共有14个国家气象观测站日降雨量突破历史极值，26个国家气象观测站过程累计降雨量突破历史极值。

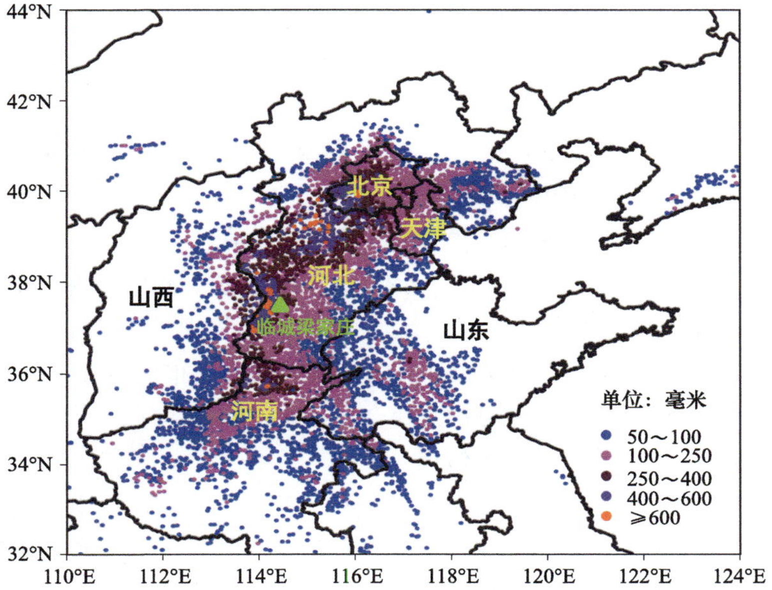

图1　7月29日08时—8月2日08时华北地区累计降雨量实况

二、监测预报预警情况

中央气象台提前一周准确研判此次极端过程，并密切跟踪；7 月 28 日下午，中央气象台组织加密会商（图 2），召集中央气象台全体首席预报员、中国气象科学研究院专家以及国省相关单位开展分析，充分发挥预报员团队的核心作用以及不同首席预报员的专业特长和经验，突破数值预报的局限，将极值从 300 毫米提至 600 毫米，实现了极端暴雨过程的精准预报。7 月 29 日早晨，中央气象台深入分析极端暴雨影响，果断提级发布 12 年来首个暴雨红色预警，吹响了京津冀防汛抗灾的号角，为各地及时联动响应和调度部署奠定了坚实的基础，实现了防范应对的主动。过程期间，发布各类预警 71 期，其中暴雨预警 19 期，含红色预警 6 期。此次过程中央气象台 24 小时大暴雨过程 TS 评分达到 0.45。

图 2　7 月 28 日下午中央气象台加密会商

三、气象服务情况

（一）以前所未有之频率报送决策信息

中央气象台 5 天制作 4 期《重大气象服务专报》，详细分析此次暴雨影响的时段、区域和范围；紧跟形势发展，逐 3 小时滚动报送降水实况和预报信息 24 期；全方位跟踪暴雨及次生灾害影响，及时提供防洪救灾气象保障信息，累计报送决策气象服务信息 59 期，数量为日常的 4 倍，服务得到中央领导批示。

（二）以前所未有之频率开展国省预警协同和部委联动

期间与北京、天津、河北三省（市）气象台就降水极值、短临预警、流域水文气象灾害、决策服务等电话会商、微信互动 100 余次。联合应急管理、自然资源、水利和农业农村等部门会商和调度 39 次，共同研判暴雨灾害影响，联合发布中小河流和山洪地质灾害、农业气象灾害等风险预警 24 期，充分融入综合防灾减灾的链条。

（三）以前所未有之频率开展媒体解读

与中央电视台新闻频道开展直播连线，接受 CCTV、新华网、《中国气象报》等媒体采访 17 次，解读极端暴雨的成因、影响。充分利用新媒体矩阵，发布暴雨实况、预报和防范建议 200 余条次，日最高点击量达 4922 万次，创下了新高。

四、预报服务经验和启示

（一）政治引领，为精准预报提供坚强组织保障

国家气象中心提前4天动员部署，要求全员取消休假，回岗待命；提前3天优化重大灾害天气应急预案，在4个台（室）增设应急岗和备岗，实行梯队作战，以万全之策应对万一可能。国家气象中心党委5次召开专题会议，传达习近平总书记和国务院领导对防汛救灾工作指示精神，落实中国气象局党组工作部署；党委班子成员一线现场办公，统筹台风、暴雨和大运会气象保障服务工作。7月29日早晨，快速完成重大气象灾害（台风）Ⅰ级应急响应向重大气象灾害（暴雨）Ⅰ级应急响应的无缝切换，实现思想、人员、预案、任务“四到位”。

（二）“三动”护航，为精准预报提供高效机制保障

国家气象中心积极与四大“支柱”和省级部门主动互动联动，启动卫星加密观测2次、探空加密观测1次；组织京津冀强降水专题会商5期。针对北京地区极端暴雨过程，派出3位首席专家赴北京市气象局，落实双首席值班机制，提升了研判分析质量。针对北京和河北部分实况观测资料断供，迅速联合国家气象信息中心、中国气象局气象探测中心与北京和河北气象局制订解决方案，连夜奋战，仅用13小时便将多源融合分析替代资料稳定推送至预报业务平台，主动互动联动机制成为高质量协调发展的黏合剂。

（三）科技助力，为精准预报提供发展强劲动能

准确的预报得益于自主数值模式的发展，中国气象局中尺度模式和台风模式的优异表现（24小时大暴雨预报TS评分分别为0.19和0.30，欧洲模式24小时大暴雨预报TS评分为0.16）坚定了预报员对自主数值模式预报的信心；得益于智能网格预报技术的快速推进，主客观预报技术的集成，实现了对数值模式预报的有效订正，暴雨预报TS评分较过程期间表现最优数值模式提高27%，现代化的成果正成为精准预报的基础和源泉。

（四）队伍建设，为精准预报提供丰厚人才保障

预报员对模式和预报技术的精准把控和有效订正，是实现此次极端暴雨精准预报预警的核心关键。预报员真正成为模式和预报技术的主人，一方面得益于中国气象局对预报员队伍建设的高度重视，出台了预报员发展的若干措施，建立预报员联盟；另一方面得益于国家气象中心长期坚持以预报员创新团队和重大天气过程复盘总结，培养预报员及时掌握灾害性天气机理和前沿技术。此外，国家气象中心持续推进以智能网格预报为核心的业务技术体制改革，建立以预报质量考评为指挥棒的机制，更加强化预报员在极端、灾害性和转折性天气的分析研判中下功夫、起作用。

华北黄淮遭遇罕见高温热浪 精细服务应对高温风险

国家气候中心

赵　琳　李　威　李修仓　崔　童

2023 年 6—7 月，我国华北、黄淮等地出现多轮区域性高温热浪事件，京津冀鲁豫五省（市）平均气温和平均最高气温均为历史同期最高，高温日数为历史同期最多，高温极端性强，综合强度强，影响范围广。国家气候中心在 2023 年 3 月的“汛期全国气候趋势及主要气象灾害预测意见”和 5 月的“2023 年汛期全国气候趋势及主要气象灾害滚动预测意见”中，均综合研判出全国大部地区气温偏高，华东、华中等地高温日数偏多，可能出现阶段性高温热浪。国家气候中心高度重视高温天气过程气候服务工作，多次与省级气象部门和相关部委、行业等开展联合会商，及时报送决策服务材料；积极组织专家参加中国气象局新闻发布会和媒体采访，充分利用新媒体平台，通过国家气候中心官方微信公众号发布文章，及时回应社会关切，取得了良好的服务效益。

一、基本情况

2023 年 6—7 月，我国华北、黄淮等地出现区域性高温热浪事件，主要特征如下。

平均气温和平均最高气温均为历史同期最高。 6—7 月，我国华北、黄淮等地（主要包括北京、天津、河北、山东、河南，下同）平均气温［27.1 ℃，较常年（1991—2020 年平均）同期偏高 1.4 ℃］和平均最高气温（32.9 ℃，较常年同期偏高 1.8 ℃）均为 1961 年以来历史同期最高。京、津、冀、鲁、豫五省（市）的平均气温和平均最高气温均较常年同期偏高，其中北京、河北和天津的平均气温和平均最高气温均为 1961 年以来历史同期最高。华北、黄淮大部平均气温普遍较常年同期偏高 1～2 ℃，其中北京东南部、天津西部、河北中部部分地区偏高达2～4 ℃。

高温日数为历史同期最多。 6—7 月，华北、黄淮等地平均高温日数为 19.2 天，较常年同期偏多 9.7 天，为 1961 年以来历史同期最多。京、津、冀、鲁、豫五省（市）的高温日数均较常年同期偏多，其中北京偏多最多（18.5 天）；北京、河北和天津的高温日数均为 1961 年以来历史同期最多。华北、黄淮等地高温日数普遍较常年同期偏多 5～15 天，其中北京东部、天津大部、河北东南部、山东西北部等地偏多 15～20 天。

高温极端性强。 6—7 月，华北、黄淮等地有 200 个国家级气象站日最高气温达到或超过 40 ℃；有 126 个站日最高气温达极端事件监测标准，其中河北井陉（43.3 ℃）、河南林州（43.3 ℃）、北京汤河口（41.8 ℃）等 26 站达到或突破历史极值。有 144 个国家级气象站极端连续高温日数达极端事件监测标准，其中河北阜平（8 天）、山东高塘（7 天）等 9 站达到或突破历史极值。

高温强度强，影响范围广。6 月 21 日至 7 月 9 日，华北、黄淮等地出现 1991 年以来 6—7 月综合强度最强的区域性高温过程，有 26 个国家级气象站日最高气温达到或突破历史极值，124 站超过 40 ℃。华北、黄淮地区 35 ℃及以上高温影响国土面积达 50.8 万平方千米，40 ℃以上达 17.3 万平方千米，影响人口约 2.7 亿人。

二、监测诊断及预测情况

2023 年 3 月底，国家气候中心发布的“汛期全国气候趋势及主要气象灾害预测意见”中，预测 2023 年夏季我国大部气温偏高，高温日数较常年同期偏多，华东、华中等地可能出现阶段性高温热浪。

5 月底，在“2023 年汛期全国气候趋势及主要气象灾害滚动预测意见”中，维持夏季全国大部地区气温接近常年同期到偏高 0.5 ℃以上，华东、华中等地高温日数较常年同期偏多，可能出现阶段性高温热浪的预测意见，并建议注意防范其对人体健康的不利影响，提前做好迎峰度夏能源保供的准备工作。此后，国家气候中心定期发布气候趋势滚动预测，对高温过程进行滚动跟踪预测。

国家气候中心及时对 6—7 月华北、黄淮的极端高温热浪事件成因进行了科学诊断分析，认为华北、黄淮等地多次高温重叠的成因如下。

一是大陆性高压系统的稳定控制。受中高纬度西风带的大陆性高压系统的影响，华北、黄淮地区上空以晴好天气为主，太阳辐射增温和下沉增温效应明显。统计表明，华北上空 2023 年 6 月在整个对流层均为较强的下沉运动，气流速度为历史同期最大，这种现象实为罕见。

二是关键区海洋暖水的协同作用。海洋是影响气候的巨大“调节器”。赤道中东太平洋厄尔尼诺的快速发展容易造成西太平洋副热带高压偏强、西伸、偏南，阻碍了水汽向我国华北等地的输送，难以形成有效降水，容易出现干热型高温天气。且由于空气湿度小，最高气温的极端性也较强。2023 年 6 月下旬以来，受赤道东太平洋海温快速增暖影响，副高偏强偏西偏南，降水主要集中在南方地区，华北温高雨少。此外，副热带海温的偏高也导致初夏华北上空高压系统强大且稳定维持，共同导致北方高温持续。

三是地形影响造成的焚风效应。由于太行山脉的存在，其与华北平原形成了“西高东低”的地形特征。在偏西风的影响下，大气团翻越太行山脉后在其东侧背风坡下沉升温，形成焚风效应，加重了京津冀高温天气。

四是全球变暖及城市化等人类活动的影响。20 世纪 50 年代以来，全球大多数区域已观测到极端高温频率和强度增加，我国也经历了快速的变暖，极端高温增强、增多，持续时间增加，尤其是城市效应加剧高温强度与持续时间，人类活动对这些观测到的长期变化造成了可以辨别的影响。根据国家气候中心统计，华北、黄淮等地综合强度排名前 10 的高温过程均发生在 2000 年以后，其中有 5 次发生在最近 5 年。未来随着全球升温加剧，我国遭受极端高温的风险将进一步增加，出现更多、更强且持续期更长、范围更广的高温热浪事件。

三、气象服务情况

国家气候中心高度重视高温天气过程气候服务工作，加强对高温过程的监测预报，多次与省级气象部门和相关部委、行业等开展联合会商，及时报送决策服务材料，为高温灾害风险应对工作提供保障。

针对高温过程发展实况及其可能造成的影响，滚动监测高温持续时间、影响范围、极端性等，及时报送《重要气候信息》《专题材料》等决策服务材料累计16期，定期报送《气候趋势滚动预测》《能源保供气象服务专报》等累计17期。为各地部署高温应对工作提供决策依据。此外，监测国家级气象站每日气温、降水量等气象要素突破极值情况。根据监测结果，制作短信息28条，快捷报送相关决策部门。特别是，针对决策者、公众和媒体普遍关注的厄尔尼诺现象是否影响我国高温的发生发展组织进行分析，及时向中共中央办公厅（简称中办）和国务院办公厅（简称国办）报送专题材料，并通过多家媒体进行科普解读。

组织气候专家参加中国气象局7月和8月新闻发布会，向媒体发布高温最新监测实况及影响，并就媒体关注的热点问题进行详细解答。针对气候热点与高影响天气气候事件，策划组织气候专家参与主流媒体采访及解读事件，充分利用新媒体平台，通过国家气候中心官方微信公众号发布《华北黄淮高温接踵而来 我国高温日数创历史新高 北方高温多次叠加实属罕见》《2023年盛夏全国气候趋势预测》《高温天气越来越多 哪里寻找夏日清凉》等文章，累计阅读量近4万人次，被多家主流媒体转载。

四、气象防灾减灾效益

决策服务方面，2023年6—7月，累计完成9期《重要气候信息》、16期《气候趋势滚动预测》，报送64份《专题材料》，多篇服务材料被中办、国办采纳，多份材料得到中央领导批示，为防灾减灾决策部署提供了有力的技术支撑。

公众服务方面，针对夏季气候热点及华北、黄淮等地高温等高影响天气气候事件，多次组织专家接受《光明日报》、东方时空、江苏卫视、《中国气象报》等媒体采访，国家气候中心官方微信公众号也针对高温过程发布科普解读文章，及时回应社会关切，被各大主流媒体关注并广泛转载。

风云卫星监测台风暴雨双一级应急响应气象保障服务

国家卫星气象中心

蒋建莹　耿维成　曹治强　郭　京　吴　琼

2023 年 7 月底至 8 月初，受台风“杜苏芮”及其减弱后的残留云系和中纬度天气系统的共同影响，华北、东北等地相继出现极端降雨过程。国家卫星气象中心（简称卫星中心）高度重视，卫星中心主要负责人靠前指挥、亲自安排部署，一级应急响应期间 24 小时值守。各处室强化协同配合，注重主动服务、互动协作、联动提效，以高度的紧迫感、使命感和责任感全力以赴完成了 2023 年台风暴雨双一级应急响应期间气象保障服务任务。充分发挥风云四号 A 星（FY-4A）、风云四号 B 星（FY-4B）和风云三号系列极轨卫星天气监测方面的优势，开展卫星天气分析服务和洪涝灾害监测。风云三号 G 星（FY-3G）作为国内首颗降水测量卫星，按照“边测试、边应用、边服务”的思路，在 2023 年的台风暴雨气象服务中发挥应用效益。按需对台风开展 FY-4B 探测仪加密观测，助力模式同化应用，遥感水体监测全力支撑抗灾救灾。

一、卫星遥感强降雨云系监测

针对 7 月 29—31 日华北地区强降雨云系及 8 月 2 日和 3 日东北地区的强降雨云系的连续发展开展强降雨云系监测。台风“杜苏芮”自登陆之后，持续向西北方向移动，截至 7 月 30 日，“杜苏芮”的北上受北侧高压坝的阻挡（图 1），移动速度减慢。与此同时，来自海上的东南风向“杜苏芮”输送水汽，遇到山脉强迫抬升造成强降水。7 月 30 日在山东南侧出现了与“21・7”相似的积云线，也说明了此次降水过程的水汽充沛。

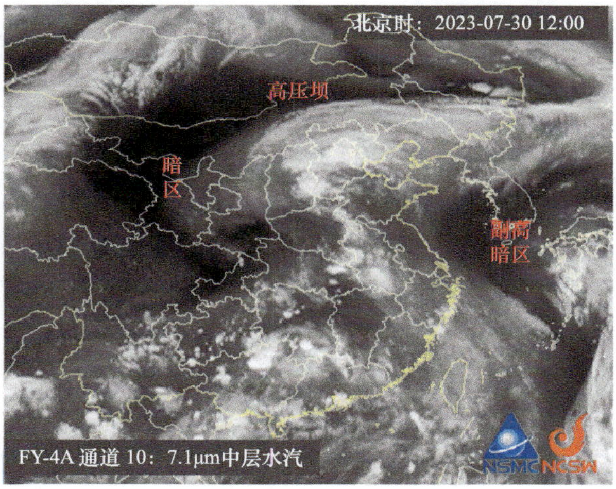

图 1　2023 年 7 月 30 日 12 时 FY-4A 水汽通道图像

7 月 30 日 08 时 10 分 FY-3G 观测显示，受减弱的“杜苏芮”低压系统的外围雨带影响，河北及北京西部地区出现降水。从云物理特征来看，这些地区的降水主要以低浓度小粒径雨滴为主，雨顶高度在 10 千米以下，降水整体强度不大（图 2）。

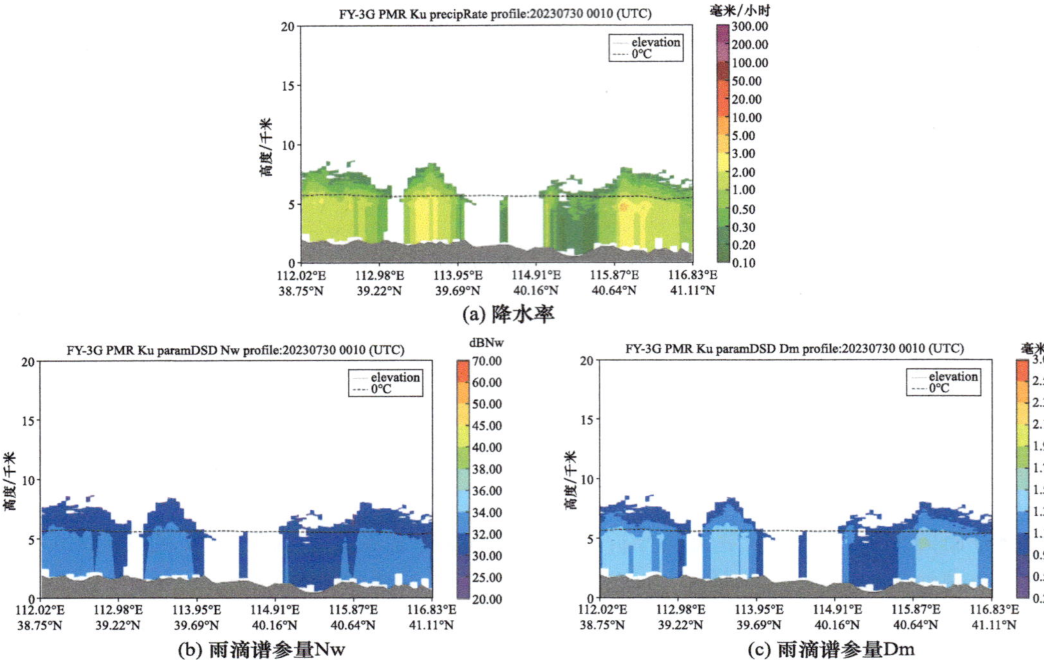

图 2　FY-3G PMR 探测仪剖面图

7 月 31 日，西太平洋副热带高压暗区往西南落，槽后冷空气暗区南压，使高压坝减弱，西侧高空冷涡北上，涡旋云系北上影响东北地区（图 3）。

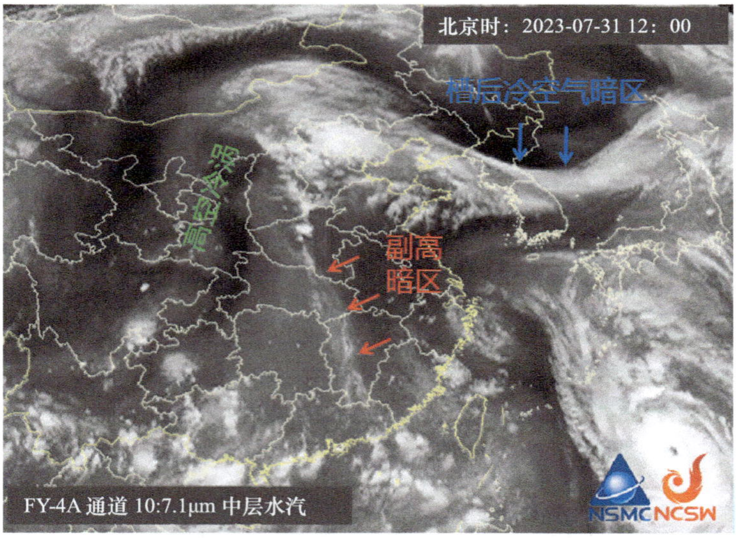

图 3　2023 年 7 月 31 日 12 时 FY-4A 水汽通道图像

截至 8 月 3 日 17 时，对流降雨云系特征为组织结构较好的带状对流（分裂冷锋），降雨云系受“涡”的影响具有波动性。从卫星云图上关注云系的组织形态和结构，形成对形势场的补充认识。

二、卫星遥感监测北京及河北洪涝灾害

受台风“杜苏芮”残留云系影响，华北等地出现强降雨天气，受落地雨汇流叠加影响，海河流域水位上涨，北京房山区、河北涿州市部分地区受到影响。国家卫星气象中心利用高分卫星合成孔径雷达数据，有效解决了云遮挡下可见光通道无法观测水体变化的难题，通过和中国资源卫星应用中心合作，实时获取高分卫星合成孔径雷达数据，2023 年 8 月 1 日 07 时和 7 月 3 日高分三号雷达卫星数据对比分析：与灾前 7 月 3 日相比，北京房山区、河北涿州市出现大范围洪涝水体（图 4 中红色区域所示）。经估算，卫星影像范围内新增洪涝水体面积约 77 平方千米。

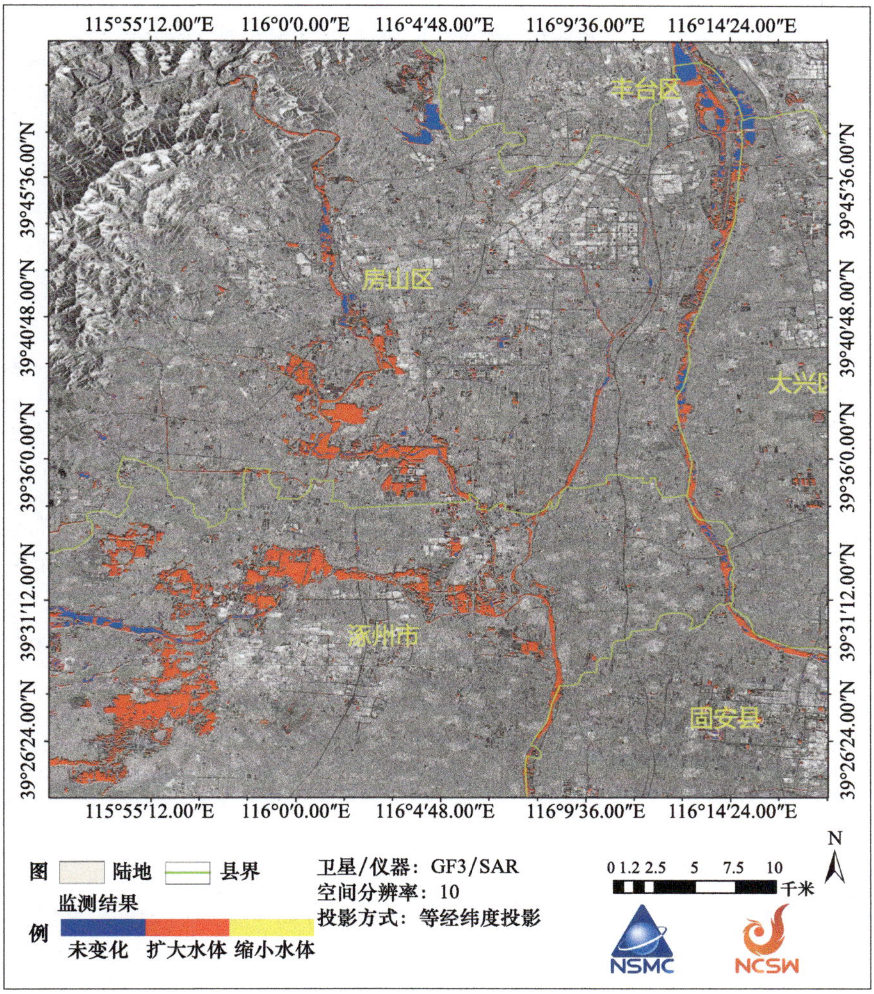

图 4　2023 年 8 月 1 日/2023 年 7 月 3 日高分卫星洪涝泛滥缩小水体变化专题图

7月29日以来，河北中南部和东北部等地出现暴雨到大暴雨，部分地区特大暴雨，河北雄安新区及周边地区受影响。利用2023年8月1日18时和7月3日高分三号雷达卫星数据对比分析：与灾前7月3日相比，河北雄安新区容城县白沟引河、雄县西北部、高碑店市大清河段周边出现大范围洪涝水体（图5中红色区域所示）。经估算，卫星影像范围内新增洪涝水体面积约128平方千米。

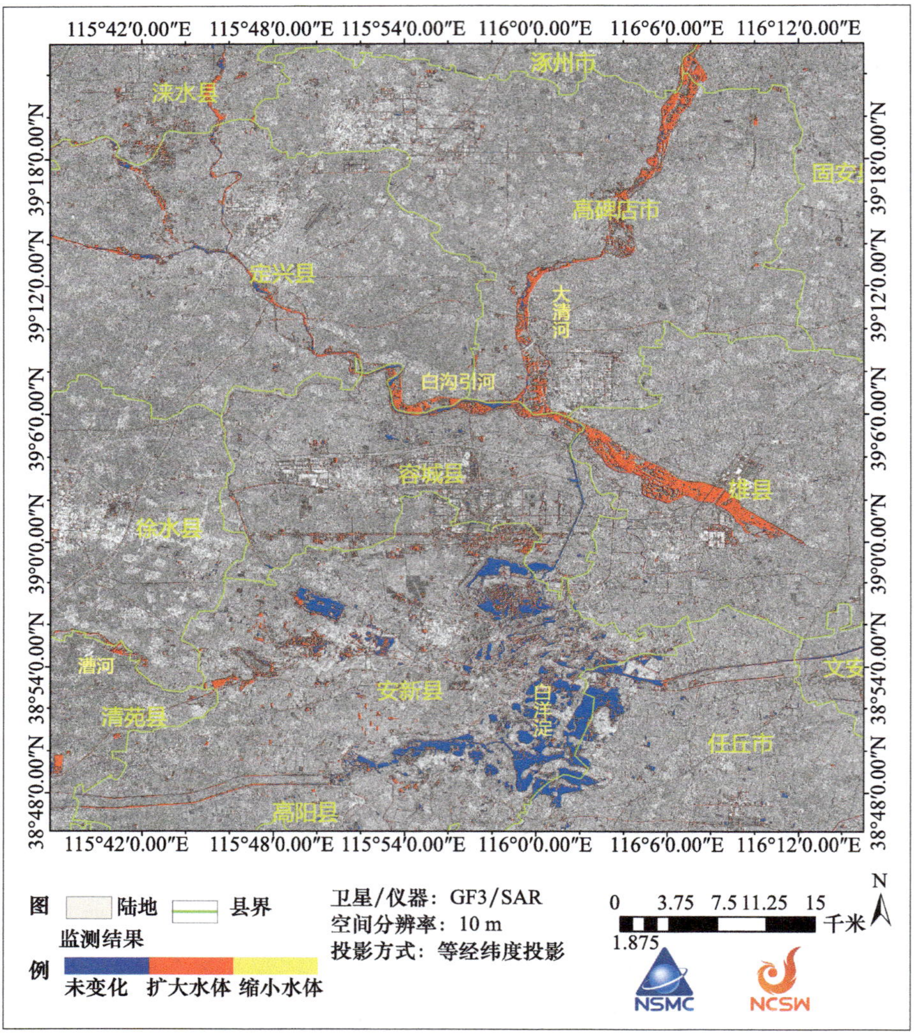

图5　2023年8月1日/2023年7月3日高分卫星洪涝监测专题图

三、气象服务情况

卫星中心强化“主动互动联动”机制，期间应需启动FY-4B快速成像仪开展区域高频次观测40次。例如：7月29日应对台风“杜苏芮”切换以合肥为中心、7月29日夜间至8月1日应对华北暴雨以石家庄为中心、8月1—4日应对东北强降水以长春为中心实施加密观测。其中，针对华北地区强降雨，执行星地任务1.5万余次，对卫星发送遥控指令超过6.6万条，接收区域观测云图4700余幅。同时优化“风云地球”产品处理流程、提升产品时效，FY-4B 快扫产品时效从 8 分钟提升到 5 分钟内。期间，FY-4B 探测仪加密观测台风助力模式同化应用，安排探测仪任务 3470 次，任务指令 12978 条，观测驻留点 14976 个，数据实时推送至中国气象局地球系统数值预报中心。受邀参加松辽流域气象中心组织的强降雨过程复盘并发言。风云卫星新产品上线应用，强化风云卫星气象保障支柱作用。改进暴雨、对流、温湿度廓线等产品，基于 FY-4B、FY-3D、FY-3E 三星联合反演探空曲线（T-lnP），形成全天候大气层结监测。在轨测试的 FY-3G（降水星），按照“边测试、边应用、边服务”的思路，定制专属精细化三维降水廓线和雨滴谱参数廓线产品，第一时间提供给中央气象台和省级应用。为进一步满足服务时效需求，工程总指挥和总设计师同各处室紧密协作联动，启动 MPT 快速处理模式，将产品落地时效从原来的平均 8 小时缩短到最快 40 分钟，提高了降水产品在台风“杜苏芮”重大气象保障中的服务效益。

卫星中心主动与中央气象台和北京、河北、天津、吉林、黑龙江等 13 个省级气象台对接，及时提供本地特色需求的卫星监测产品，提供早会商和专题会商材料 40 余次；采用高分雷达等多源卫星资料，制作北京房山，河北涿州，吉林舒兰、榆树，黑龙江尚志、五常等受灾地区洪涝水体监测分析产品，向北京、天津等省（市）局提供监测数据和技术支持，获北京、黑龙江和吉林等省（市）气象局感谢信，省级服务得到地方政府和气象部门的肯定。助力防汛抗洪人员转移，为减灾救灾提供了重要的决策参考，2 期材料被中国气象局办公室采用。

四、气象防灾减灾效益

（一）经验与启示

1. 加强业务联动是做好遥感应用服务的有力保障

为更好地服务于防灾减灾、生态文明建设国家重大战略，发挥卫星遥感优势，卫星中心加强连续监测服务，强降水过程期间连续参加加密会商发言并提供会商材料。与多省（市）局主动沟通并提供卫星遥感监测材料。主动与国家气象中心天气预报室、流域水文气象中心等相关处室及时沟通对接需求。“23·7”过程的圆满完成既是遥感应用各业务团队紧密合作的成果，也是上下左右互联互通共同完成的。

2. “风云地球”在国省联动中的重要性

在台风“杜苏芮”造成的强降水过程监测中，“风云地球”业务平台根据受影响的各省（市、区）本地特点，定制适合当地的对流初生、云顶高度、云顶温度、云图动画等 5 方面 17 类产品，应用于加密会商和分析研判，在国省市天气和灾害服务的“主动、互动、联动”方面发挥了重要作用。

3. 加强新资料的应用和深化遥感应用技术研发是做好遥感应用服务的基础

FY-3G 的产品第一时间提供给中央气象台和省级应用，降水星观测有效弥补了海上常规观测资料匮乏的缺陷，能够给预报员提供有效参考依据，在本次过程中，向中央气象台和省局提供的 FY-3G 数据产品在加密专题会商中被多次引用，增加了风云卫星在台风“杜苏芮”重大气象保障中的服务效益。

（二）改进措施

继续推动中国气象局直属单位及国省间的信息共享，增强国家—流域—省—市—县业务联动，主动做好卫星遥感气象保障精细化服务。

进一步统筹规划和系统实施，推进数据集建设，以更好地支撑卫星遥感业务发展。推进包括干侵入产品在内的定量化，全面提高业务的自动化水平。

暴雨中降水站点观测数据中断 多源融合实况迅速补缺

国家气象信息中心

谷军霞　韩　帅　肖卫青　周自江　倪学磊　张　涛
傅景超　曹丽娟　刘　振　王蕙莹　远　芳

2023 年进入主汛期以来，我国多地遭遇强降雨、极端高温等天气。国家气象信息中心牢牢把握习近平总书记关于防汛救灾和气象工作重要指示精神，全力落实中国气象局党组决策部署，坚持“人民至上、生命至上”，深入国省一线业务单位对接实况数据产品需求，2023 年累计新增全国 1 千米分辨率陆面、三维云等 44 种实况分析产品。最高 5 分钟时效、10 分钟更新、1 千米分辨率、空间覆盖无缝隙、多圈层多要素的实况分析产品，有效弥补了站点观测不足，为汛期灾害性天气过程监测提供精准支撑。

一、服务概述

7 月 29 日至 8 月 1 日，受台风“杜苏芮”残余环流影响，京津冀地区出现极端强降雨过程，多地发生严重洪涝和地质灾害，北京、河北等地部分通信基站受损，致使自动气象站观测数据中断，无法定点、定量监测降水，给研判天气形势和暴雨动向带来严重影响。国家气象信息中心利用多源融合网格实况分析产品插补缺测站点观测资料，保持了降水数据的连续性。

二、服务情况

（一）上下联动、快速决策，格点化多源融合实况产品插补缺测气象站观测

7 月 31 日，受强降雨和洪涝影响，房山、门头沟等地观测数据处于空白状态。31 日 16 时的暴雨天气加密会商中，北京市气象局向中国气象局提出了迫切的援助请求。国家气象信息中心快速响应，在会商期间，即与北京市气象局取得联系，商议初步对策，并派出 2 名技术骨干立即冒雨前往北京市气象台会商室进行现场支援，同时组建了由 15 名技术人员组成的支援小组，开展远程协助工作，18 时左右又加派 2 名技术骨干前往中央气象台会商室，建立上下联动的“三点一面”的协同工作机制，全方位保障国省两级数据一致性。经分析研判，快速决策采用多源融合降水实况分析技术，由“雷达反演降水、多卫星集成反演降水、数值预报降水背景场和邻近区域降水”融合推算北京、河北等地有故障的气象站的降水，即用格点化多源融合数据替代气象站的观测，以保持降水数据的连续性。

（二）左右协同、手动插补，快速实现故障时间段降水观测数据的“拯救”

多源融合实况分析产品首次应用于观测数据的重建，各模块程序都需要根据中央气象台、北京市气象局和河北省气象局的需求从零定制开发，并须以最快的速度建立起产品制

作、传输、入库、服务的实时业务流程。在国家气象信息中心领导和首席科学家的带领下，一边现场调度人力资源，一边分解技术难题，全员全身心投入降水实况分析产品数据插补程序编写。两个小时后，18时15分，技术人员以手工方式补全了北京市7月31日08—18时的故障站点逐小时雨量数据，应用于当晚07时的决策服务。22时，又通过实况分析产品推算出河北省故障站点的观测数据，及时完成了对当日故障时间段河北故障数据的“拯救”。

（三）连夜鏖战，争分夺秒，实现网格实况插补服务全流程自动运行

国家气象信息中心“天擎”技术人员分工协作，紧急完成了网格实况插补数据的格式转换、数据换算、元数据核对、重复记录处理、流程监视等环节设计和实施。由于各个站点出现故障时间不一，在数据流程中，既要保障优先使用已恢复的观测数据，又要确保补缺的实况数据及时衔接。8月1日02时，基于“天擎”的后台支撑，以半自动处理的形式，实现了实况数据插补和入库服务全流程逐小时更新，提供中央气象台、北京市气象局和河北省气象局使用，时效性提高至30分钟左右。08时，实况数据补缺实现全流程自动处理，时效提高至15分钟以内。实时更新的实况数据源源不断接入“天擎”，提供给中央气象台、北京市气象局、河北省气象局等一线用户，保障了各地暴雨极值和小时雨强的快速诊断确认。

（四）潜心攻关，久久为功，多源融合分析技术扛起重任

多源融合降水实况分析产品为何能扛起重任？这还要从我国的综合气象观测布局说起，这张陆海空天一体化的大网，聚合了多种来源的观测数据，因而在部分地面观测站缺位的时候，能够通过其他来源的数据，经过科学计算后，反演出缺测区域的观测数据，填补网中的空白。这个原理说起来容易，做到却有很大难度。国家气象信息中心自2007年开始，持续潜心攻关，陆续掌握了最优插值、概率密度偏差订正、贝叶斯模式平均、降尺度、基于地形的雷达质量指数和融合分析等多项关键技术，并结合我国地面自动气象站、天气雷达、风云卫星等降水相关资料的特点，逐步完善，形成了一套业务化运行的多源降水融合实况分析方案，稳定生成中国区域1千米分辨率降水产品。基于北京地区44个气象站恢复数据的检验评估表明，应用融合降水实况产品插补缺测数据，对整个强降雨过程累计降水量相对偏差的44站平均值为−7.7%，时序列相关系数平均值为0.92，均方根误差的平均值为3.09毫米/小时，均显著优于应用单一雷达QPE插补的情况（图1～图3）。

三、服务成效

在此次汛期应急服务保障中，国家气象信息中心人员胸怀“国之大者”，心系“两个至上”，彻夜未眠，沉着应对，程序全部从零开发，高质量完成了应急服务任务。8月1日早间天气会商结束后，中国气象局党组成员、副局长张祖强指出，用格点资料来代替站点资料，很好地保障了一线防汛工作，堪称上下联动、左右协同的典型案例。8月3日早间天气会商时，北京市气象局传达了北京市领导对此次暴雨过程预报服务的批示意见，市长殷勇表示：气象局的数据科学、精准！北京市气象局也专门致感谢信，对国家气象信息中心在此次强降雨过程提供的强有力支撑致以崇高敬意和衷心感谢。

国家气象信息中心将接续攻关，以突破气象数据质量控制与偏差订正、多源数据融合与同化分析、人工智能技术集成应用、实况产品可视化与预报应用检验等关键技术为核心，不断完善“全球一区域一局地”一体化气象实况分析体系，为汛期防汛救灾服务提供更完备的实况产品支撑。

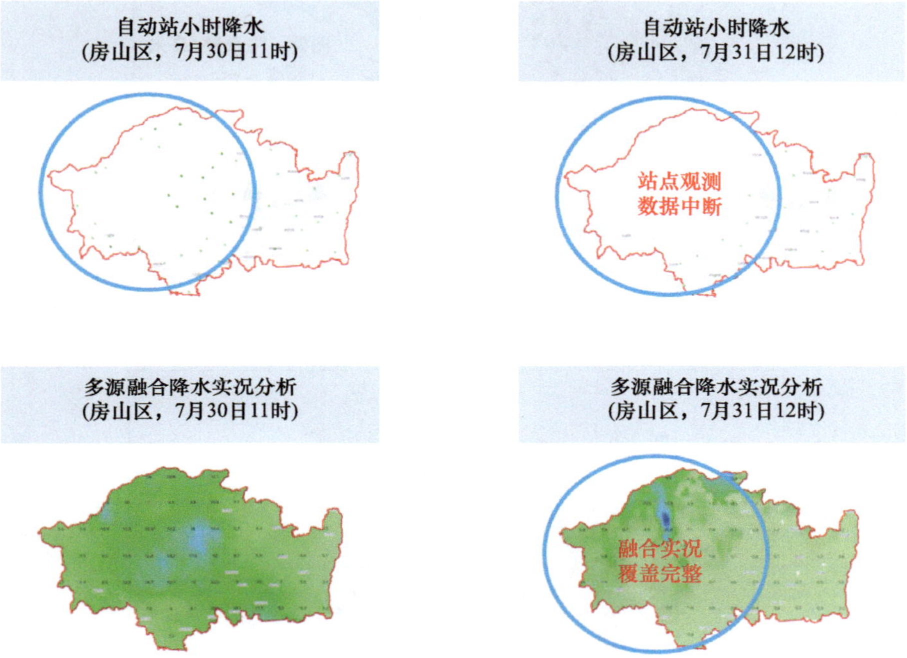

图 1　多源融合网格实况分析产品可补充中断站点观测数据

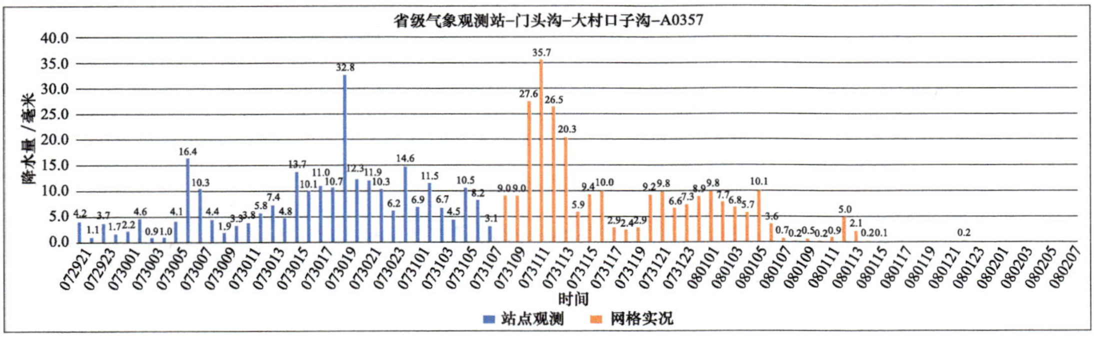

图 2　多源融合网格实况分析产品插补缺测站点观测资料，保持降水数据连续性

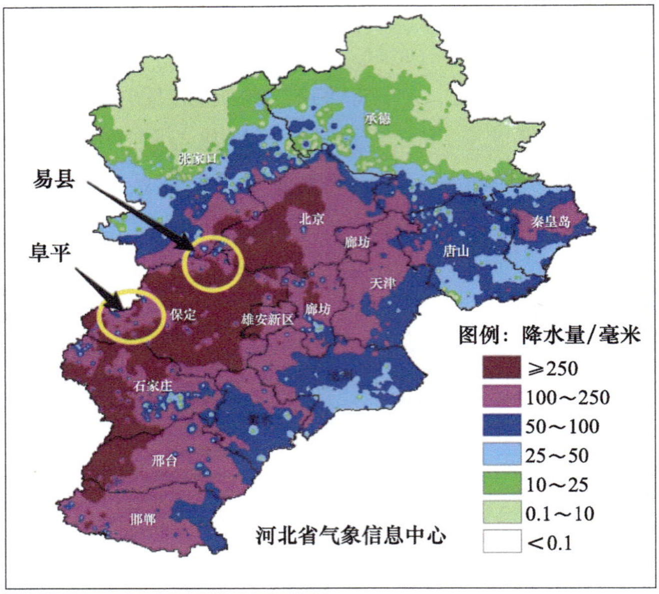

(a) 地面原始数据

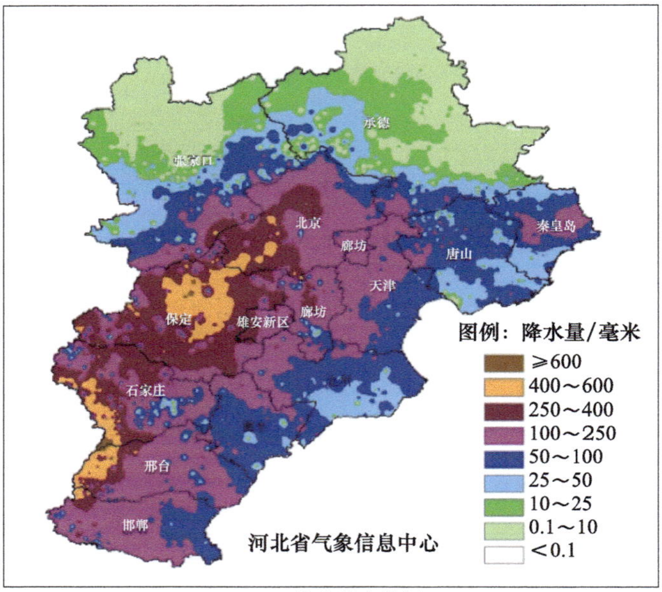

(b) 格点补充数据

图 3　河北省气象信息中心应用国家气象信息中心格点实况产品补充前（a）、后（b）的降水数据

瞄准体育赛事预报服务 创新发展国产模式应用

中国气象局地球系统数值预报中心

陈 静 李红祺 马若赟 王婧卓 梁 晨 岳 健 黄丽萍

于 翡 江 源 胡江凯 龚建东

第十九届亚洲运动会、第四届亚洲残疾人运动会（以下简称杭州亚运会）分别于2023年9月23日—10月8日和2023年10月22—28日在浙江省杭州市举行。本届亚运会比赛项目多，场馆设施分布广，各竞赛项目对气象服务需求差异极大，如何提供更科学的体育赛事预报预警服务，是重大科学与社会挑战之一。中国气象局地球系统数值预报中心（简称数值预报中心）瞄准体育赛事预报预警服务风险，针对局地强对流降水和大风预报难点，联合浙江省气象局倡议发起并牵头实施世界气象组织二区协杭州亚运会研究示范项目“第十九届杭州亚运会对流尺度集合预报及应用研发项目”（以下简称世界气象组织二区协杭州亚运会研究示范项目 HangzhouRDP），发展新型对流尺度集合预报技术和服务产品，为杭州亚运会提供了逐小时概率和快速更新同化预报产品。这是落实《气象高质量发展纲要（2022—2035年）》的具体举措，推动了国产模式高质量发展和气象科技的国际交流，提升国产模式对灾害性天气预报预警服务的国际影响力，为亚运会和人民对美好生活追求保驾护航。

一、基本情况

针对杭州亚运会赛事项目对气象服务需求差异大、预报预警服务难的问题，数值预报中心与浙江省气象科学研究所借力世界气象组织平台，倡议发起世界气象组织二区协杭州亚运会研究示范项目 HangzhouRDP。该项目核心内容是基于国产模式发展0～24小时逐小时更新的1千米 CMA-MESO 模式和结合多时空奇异向量初值扰动、常规资料扰动、雷达资料扰动和卫星资料扰动方法的泛华东区域3千米分辨率对流尺度集合预报系统，建立0～84小时高时空分辨率体育赛事数值预报产品体系。该系统在杭州亚运会的历次重要测试赛和活动保障中均表现不俗，特别是在局地突发性强对流的识别、演变以及伴随的降水落区、强度和持续时间等方面有较好的预报能力。如2023年6月15日杭州亚运会良渚火种采集活动、8月12日的预报服务演练活动、8月30日轮滑和板球赛事演练、9月23日开幕式、10月8日闭幕式等重要活动和赛事项目中为预报员提供了较好的指示，发挥了重要作用。

二、亚运会重要活动和赛事预报预警情况

杭州亚运会开幕式期间，受高空低槽和低空急流共同影响，杭州市一直维持连阴雨天气，在9月23日开幕式上，15时左右，杭州依然是阴雨天气。在9月22日和23日专题会商中，国省首席预报员通过综合研判3千米集合预报1小时降水概率、1千米 CMA-

MESO模式预报等产品信息，笃定地作出开幕式关键活动时段“天气以阴天为主，对开幕式无影响”的预报。10月8日，在亚运气象台闭幕式专题会商中，国省首席预报员依然利用3千米对流尺度集合预报系统的1小时降水概率和1千米CMA-MESO模式预报等产品信息，发布了“关键时段多云为主，无雨，能见度好，空气质量优”的预报结论。最终，实况与预报结论基本一致，杭州亚运会在天公作美中圆满完成，国产模式助力亚运会精彩呈现，人们享受到了体育赛事的盛大和美好。此外，在6月15日杭州亚运会良渚火种采集活动中，1小时降水概率预报准确提出火种采集时段的天气大概率为阵雨转晴，这为组委会作出如期进行火种采集的决策提供了有力的预报依据，保障了火种采集的顺利进行。

杭州亚运会比赛期间数值预报服务保障赛事顺利完赛。在8月12日的预报服务演练中，13—15时杭州奥体中心附近出现局地强对流过程。1千米CMA-MESO模式提前18小时、13小时的预报结果对该对流过程表现出一定的预报能力，为预报员提供了较好的指示。1千米1小时CMA-MESO模式对此次对流过程的降水落区、强度预报与实况十分接近，预报准确。在8月30日上午，钱塘轮滑中心和浙江工业大学屏峰校区板球比赛场地正准备迎接轮滑和板球赛事演练，根据“赛事须在完全无降水的条件下进行”的要求，亚运气象台参考小时降水概率预报产品和1千米1小时CMA-MESO模式最新预报产品综合分析研判，指出受高空槽和低层切变线影响，杭州当天上午会有分散性阵雨且对赛事有影响，建议两个场馆演练改期到下午。根据预报结论，两个场馆决定演练赛15时后继续进行。9月19日板球开赛，板球是降水高敏感户外赛事，微量降水都会导致比赛中断。21日09时34分及时将比赛因降水天气中断，亚运气象台参考1小时降水概率预报产品、风险概率图产品和1千米1小时CMA-MESO模式最新预报产品进行综合研判，比赛于10时30分重新开始，找到重新开赛的宝贵天气窗口期。9月26—27日的马术比赛，对于气温的要求较高。26日14时左右，气温不断上升，闷热感逐渐加强，现场气象团队立即对天气实况进行分析，参考风险概率产品图，建议当天比赛暂停，推迟一小时再赛，27日盛装舞步中一级科目的比赛下午开始时间由原来的14时变更为15时。最终，整个马术赛段期间，因高温调整开赛时间5次，助力马匹在舒适的天气条件下完赛。9月29日，高尔夫第二个竞赛日正常开赛。16时55分，西湖国际高尔夫球场上游50千米警戒区内发现雷电活动。亚运气象台会商后，17时30分，竞赛指挥中心现场气象服务团队与亚运气象台会商时，综合考虑3千米集合预报1小时降水概率、高尔夫场馆风险概率图产品和1千米CMA-MESO模式预报等产品信息，得出结论：“18时前高尔夫球场受到雷电影响可能性较小，预计18时30分左右雷电开始影响高尔夫球场，建议比赛正常进行，比赛结束后立即组织各类人员迅速离开空旷场地。”17时57分，场馆方报告高尔夫比赛顺利完成。18时，西湖国际高尔夫球场25千米警戒区内出现明显的雷电活动。模式预报结果为亚运气象台及现场气象服务团队提供了有力的决策依据。

三、气象服务情况与服务效益

瞄准体育赛事热点，搭建国际合作平台，开发新型预报技术和服务产品，建立预报反馈机制。

（一）倡议发起世界气象组织二区协杭州亚运会研究示范项目 HangzhouRDP

数值预报中心与浙江省气象局联合发起世界气象组织二区协杭州亚运会研究示范项目 HangzhouRDP，通过研发杭州亚运会的对流尺度集合预报系统，结合分钟级多源观测资料，开发更高时空分辨率（百米级分钟级）应用产品并开展示范应用，提升局地强对流天气数值预报不确定性的科学认识，利用集合预报产品提升杭州亚运会气象灾害精细化预报预警能力以及气象服务的社会和经济效益，并依托世界气象组织这个大平台，促使亚洲科学家更加关注体育赛事热点气象服务新产品。

（二）发展对流尺度集合预报模式技术和风险概率预报产品

在世界气象组织二区协杭州亚运会研究示范项目 HangzhouRDP 框架下，组建了杭州亚运会数值预报联合开发团队，基于 CMA 自主研发的模式体系开发了多时空尺度奇异向量初值扰动、常规观测资料扰动、雷达和卫星资料扰动方法，建立了结合 1 千米 CMA-MESO 模式和 3 千米水平分辨率的 HangzhouRDP 对流尺度集合预报示范应用系统，并开发了面向体育赛事的气象风险概率预报产品。该系统自 2023 年 5 月 21 日起实时运行，对于强对流降水日变化特征的概率预报能力有较好改进，提升了极端降水预报能力，为 6 月 15 日杭州亚运会良渚火种采集、8 月 15 日演练、8 月 30 日轮滑和板球演练、9 月 23 日开幕式、10 月 8 日闭幕式、残运会开闭幕式等重大活动和比赛提供了多种高时空尺度预报产品，协助杭州亚运会组委会顺利安排各项赛事活动，并为运动员和观众提供参赛观赛舒适度等相关气象服务产品，为杭州亚运会气象保障服务提供了科技支撑。

（三）坚持自主可控，在行业内首次实现了基于国产高性能计算机平台、国产自主研发模式支撑的确定性预报和概率预报有机结合

在世界气象组织二区协杭州亚运会研究示范项目 HangzhouRDP 框架下，坚持核心技术自主可控，着力打造亚运会对流尺度集合预报系统，在 1 千米 CMA-MESO 模式物理过程方案、3 千米对流尺度集合预报扰动方法、集合预报产品业务流程研发等方面取得了突破，在行业内首次实现了基于国产高性能计算机平台、国产自主研发的全流程国产数值预报支撑系统业务应用，可同化应用的资料种类和预报产品的系统化程度提高，实现核心能力全栈自研和体育赛事服务产品从确定性预报向概率预报的拓展，打造高水平气象科技自立自强。

（四）在预报员、决策者和数值预报开发人员之间建立模式预报准确率的反馈机制

第一，通过高性能计算机运行确定性模式与集合预报模型，产生确定性和集合预报产品。第二，首席预报员根据观测、确定性模式预报和集合预报产品得出预报结论。第三，首席服务官根据首席预报员的结论和体育赛事气象要素的要求，向杭州亚运会组委会提出建议和措施。第四，杭州亚运会组委会做出决策。杭州亚运会组委会根据实际情况向首席服务官反馈预测的准确性。首席服务官根据反馈调整服务策略，并向首席预报员提供预测误差信息的反馈。首席预报员对预报准确性提供反馈。

面向重大赛事保障需求，数值预报中心积极搭建世界气象组织二区协杭州亚运会研究示范项目 HangzhouRDP 示范应用平台，研发逐小时概率和快速更新同化预报产品，为杭州亚运会各项赛事部署调度提供了科学支撑，得到了领导和同行专家的充分肯定，被浙江天气、《杭州日报》、《中国气象报》、新华网、《浙江日报》等多家媒体报道。在杭州亚运会气象保障期间，浙江省徐文光常务副省长重点关注模式产品预报结果，跟踪检验模式预报水平；中国气象局张祖强副局长、黎健总工充分肯定模式预报结论；模式系统和产品深受预报员青睐，被多次引用开展会商，为重大活动气象保障服务提供强有力的支撑作用，凸显服务效益。

2023 年 12 月中东部大范围暴雪寒潮及甘肃青海震区气象服务案例分析与思考

中国气象局气象探测中心

高　岑　郭建侠　柯　凡　杨金红　崔曼丽　梁　宏　实　刚　季承荔

引言

本文以 2023 年 12 月我国中东部大范围暴雪寒潮及甘肃青海震区服务为例，结合以下四方面进行总结分析：①积极响应深化“三动”、深化国省互动机制；②充分挖掘天气雷达、垂直观测冬季复杂相态识别预警能力；③深入开展高影响天气技术复盘；④持续发挥公众服务、宣传科普影响价值。本文结合实践所得出的观测服务工作经验，期望对今后类似决策气象服务工作有所启示。

一、基本情况

2023 年 12 月 9 日起，我国中东部地区出现多次大范围雨雪天气过程，并伴有持续降温。其中，10—11 日，华北、黄淮出现 2023 年首场大范围降雪；13—15 日，华北中南部、黄淮北部、东北地区东南部等地有中到大雪，局地暴雪；16—17 日，华南出现大范围断崖式降温，局地 24 小时降温超过 20 ℃，广东启动最高等级寒冷红色预警。中国气象局于 12 月 9 日 09 时进入重大气象灾害（寒潮、暴雪）Ⅲ级应急响应状态，并于 12 月 12 日 18 时进入Ⅱ级应急响应状态。

12 月 18 日 23 时 59 分，甘肃省临夏回族自治州积石山发生地震，最大烈度为 8 级。截至 12 月 31 日 01 时 16 分，地震造成青海省海东市 34 人遇难、198 人受伤。截至 12 月 22 日 08 时，地震造成甘肃积石山县 117 人遇难，781 人受伤。震中及周边民房和水、电、路等基础设施均有不同程度损坏。中国气象局于 12 月 19 日 06 时 30 分进入地震灾害气象服务Ⅱ级应急响应状态，并于 12 月 25 日 14 时调整为特别工作状态。

二、实况观测产品应用情况

（一）综合应用天衡天衍产品平台，把握暴雪、寒潮总体趋势，复盘分析过程特点

12 月 14—15 日天气实况最为复杂，降水反馈作用下所形成的江淮气旋快速东移进入渤海，气旋东侧暖湿回流影响辽东半岛。综合气象观测产品系统（天衡天衍）产品（图 1）显示，14 日 18 时，湿度带主要分布在湖北、安徽、南京并伴随西南低空急流，沈阳微波辐射计温度廓线显示出明显逆温层。气旋西南侧主要是干冷空气，15 日 02 时，先于寒潮冷空气影响江南造成降雨带，此时寒潮冷空气影响区域位于内蒙古中部、山西一带，24 小时变温超过 16 ℃（图 2）。

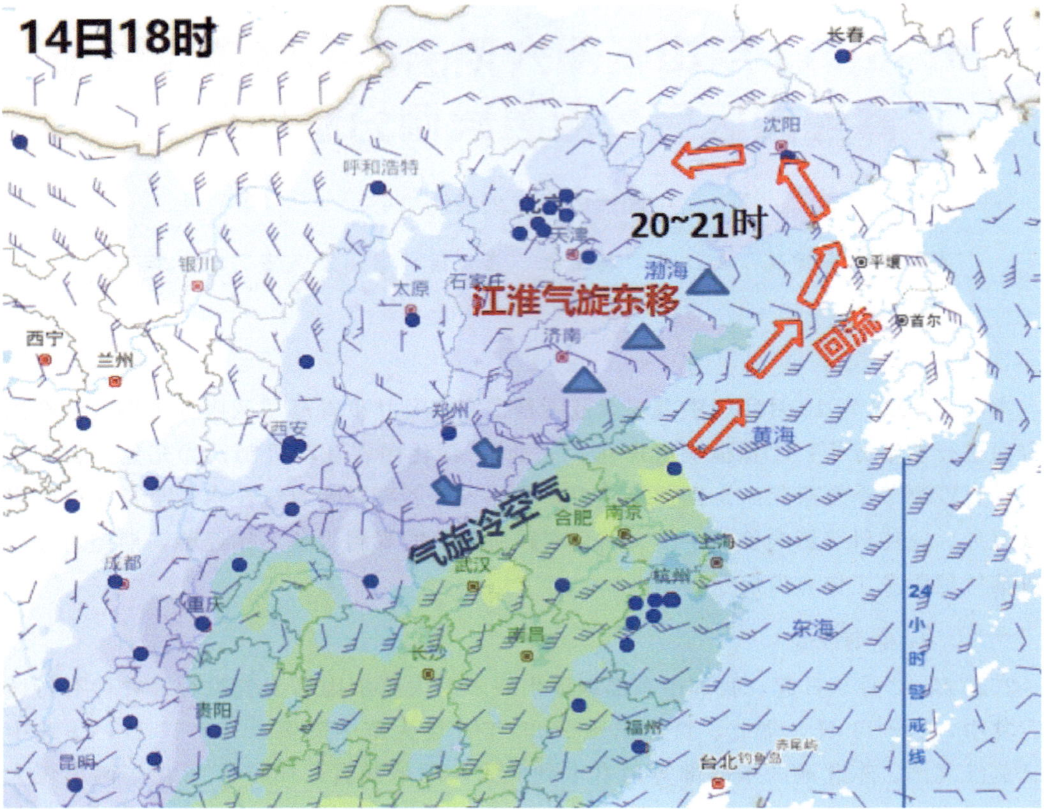

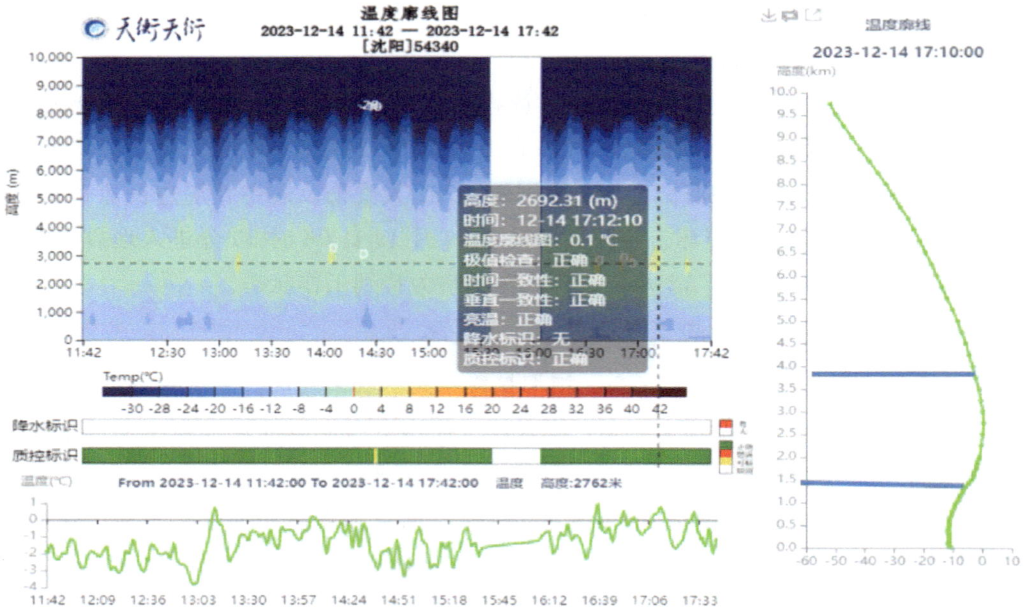

图 1　12 月 14 日 18 时沈阳微波辐射计单站产品

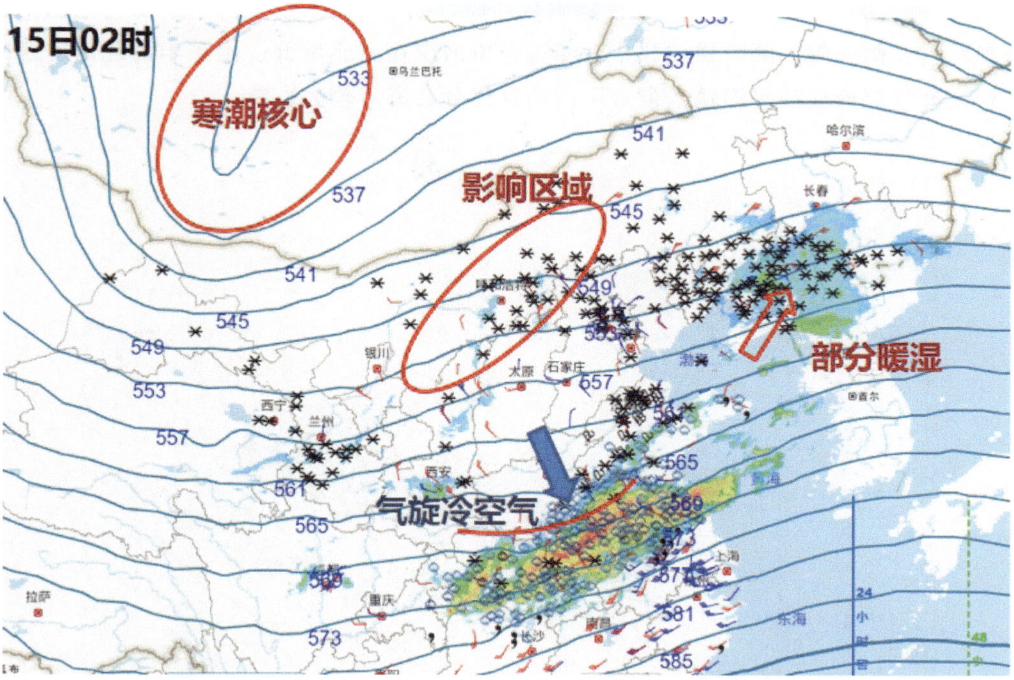

(a)02时地面站降水类天气现象、融合500百帕位势高度、组合风场叠加雷达组合反射率

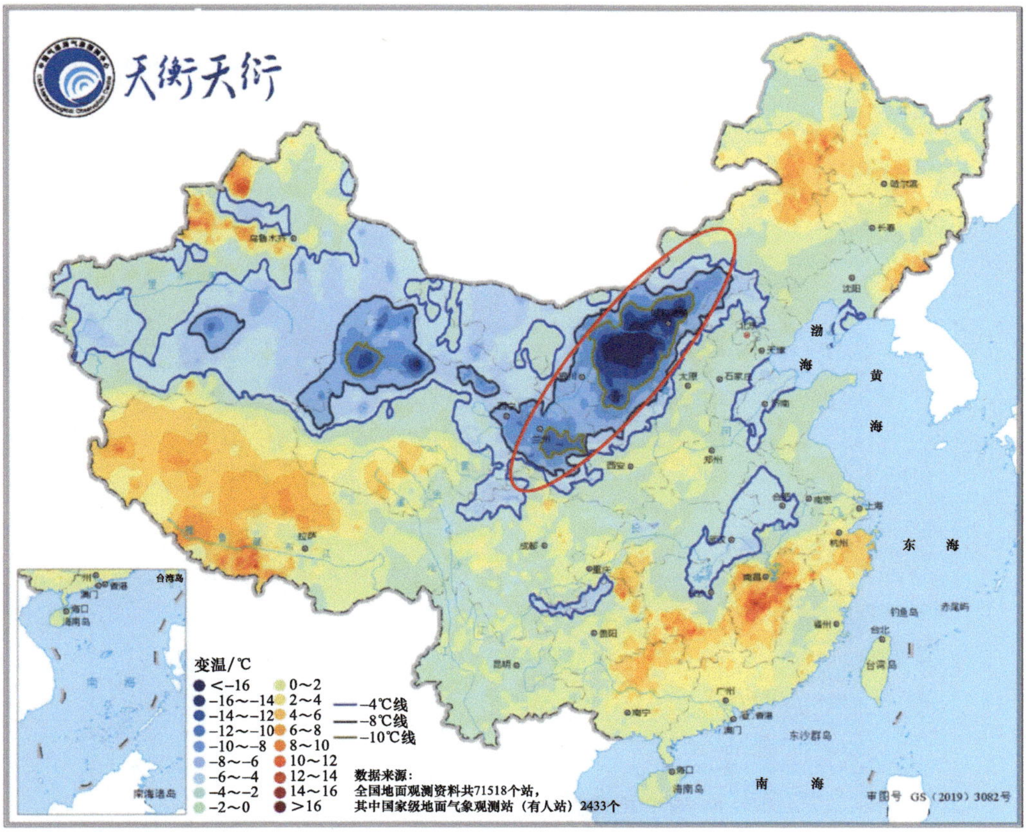

(b)00时全国地面站24小时变温

图 2　天衡天衍系统的 12 月 15 日变温图

12月9—19日累计降雪量、累计降雨量产品（图3）显示，本次中东部大范围雨雪过程呈现“雪一雨一雪”的阶梯式分布，降雪极值出现在河北南部、山东半岛北部。西南急流结合江淮气旋形成的暖湿输送带对雨雪的整体分布有着较大影响。

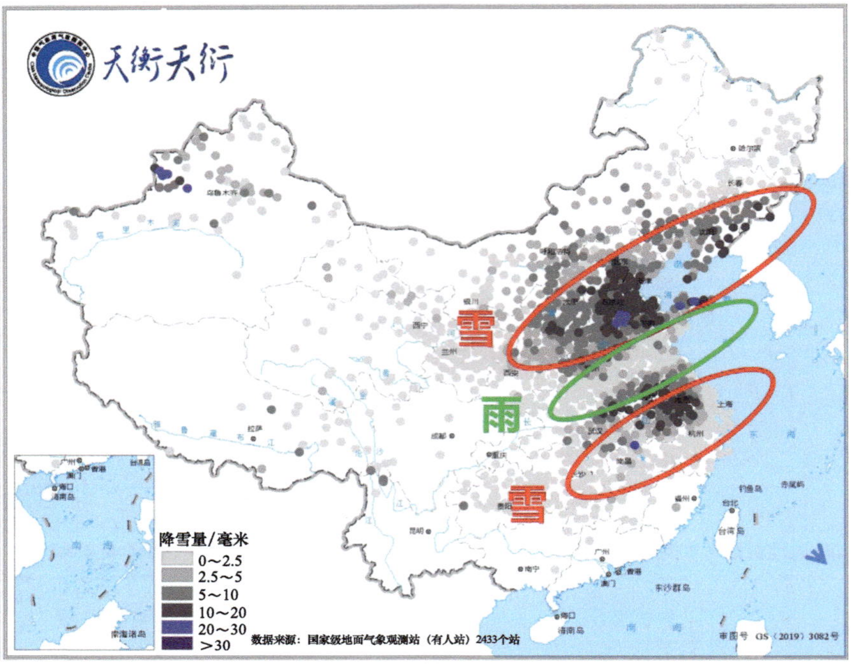

(a)

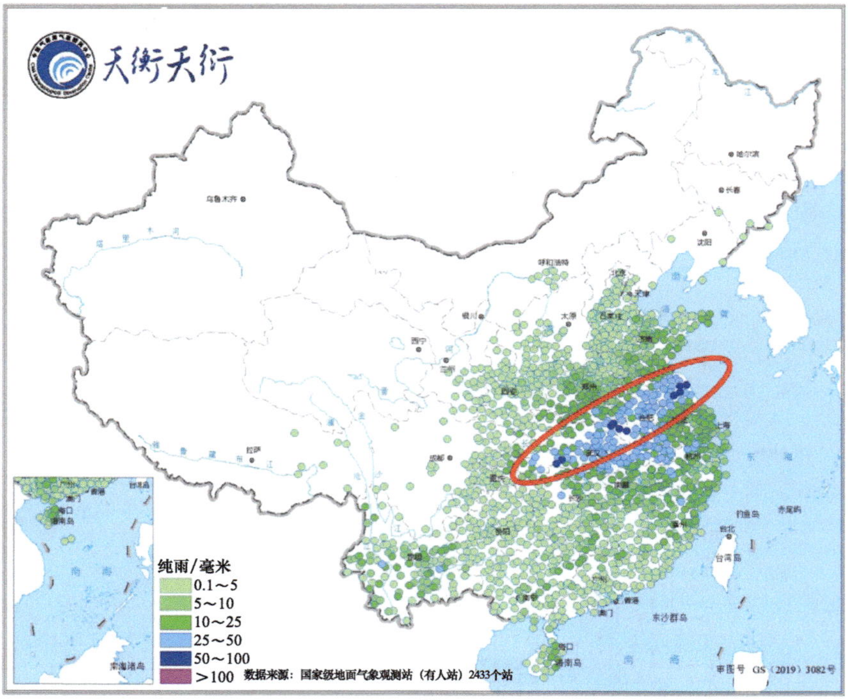

(b)

图3　12月9—19日240小时累计降雪量分布（a）、累计降雨量分布（b）产品

（二）充分发挥双偏振雷达相态识别能力，实施精细化雨雪、冰雹实况监测

12 月 13 日 06 时，山西、河南东部，河北、山东西部，安徽北部、江苏西北等地有降雪或降水回波，河南东南部回波强度可达 40 dBZ，回波向东缓慢移动。

徐州雷达单站 0.5°反射率因子及雨雪相态产品（图 4a）显示，江苏南部回波相态为雨，江苏北部为雨夹雪。济南（图 4b）和石家庄（图 4c）雷达雨雪相态产品显示，雨夹雪和雪的分界线在聊城至济宁之间，石家庄雷达范围均为雪相态。

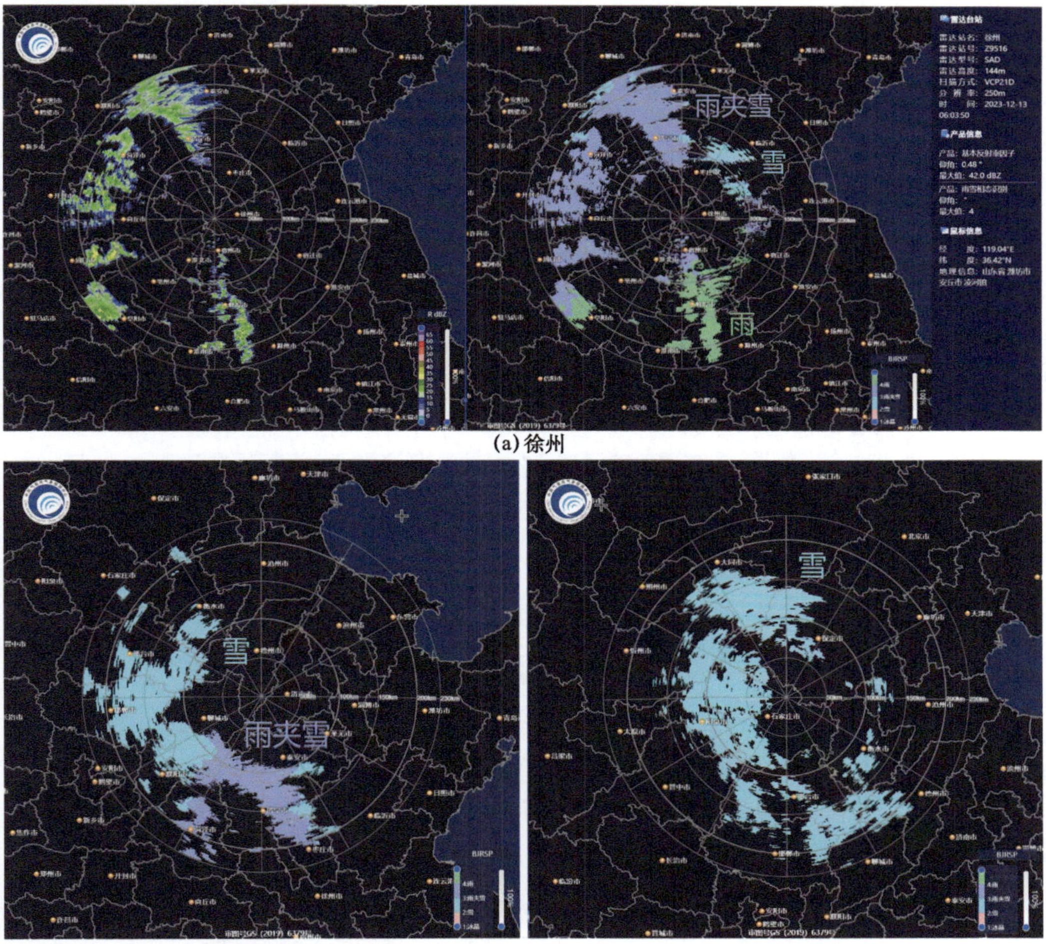

(a) 徐州

(b) 济南

(c) 石家庄

图 4　12 月 13 日 06 时徐州（a）、济南（b）、石家庄（c）雷达雨雪相态产品

（三）持续挖掘垂直观测能效，提供高价值、直观产品

1. 以陕西延安站降水为例

延安站垂直观测产品（图 5）显示，12 月 10 日 12 时—11 日 00 时，延安站上空有持续降水回波。前半段以降雨为主，从 10 日 18 时左右转为降雪。12 月 10 日 06 时—11 日 06 时，延安站上空3 千米以下高空持续受冷平流影响，随着降水结束，冷平流从高空到地面逐渐降低，地面附近受持续冷空气影响，温度不断降低。

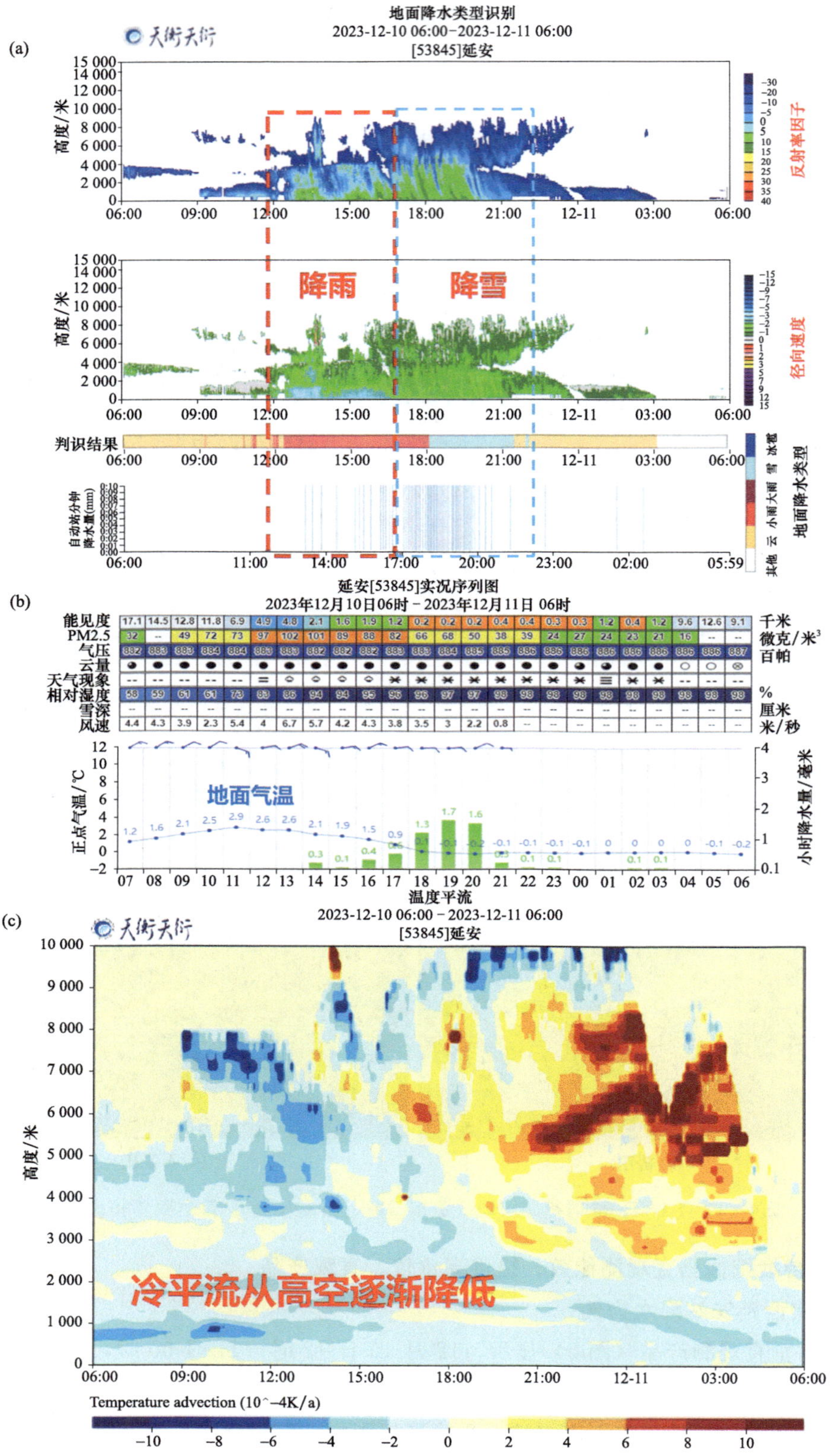

图 5　延安站 2023 年 12 月 10 日 06 时—11 日 06 时垂直观测产品

2. 以贵州威宁试验外场冻雨为例

12 月 15 日 22 时—16 日 05 时，贵州威宁试验外场（梅花山）监测到冻雨发生，积冰厚度近 2 毫米。15 日 20 时—16 日 06 时，贵州威宁垂直观测系统产品（图 6）显示，地面到高空温度层结、温度平流均出现了“冷—暖—冷”结构，地面到3 千米有逆温层，有利于冻雨出现。

(a)

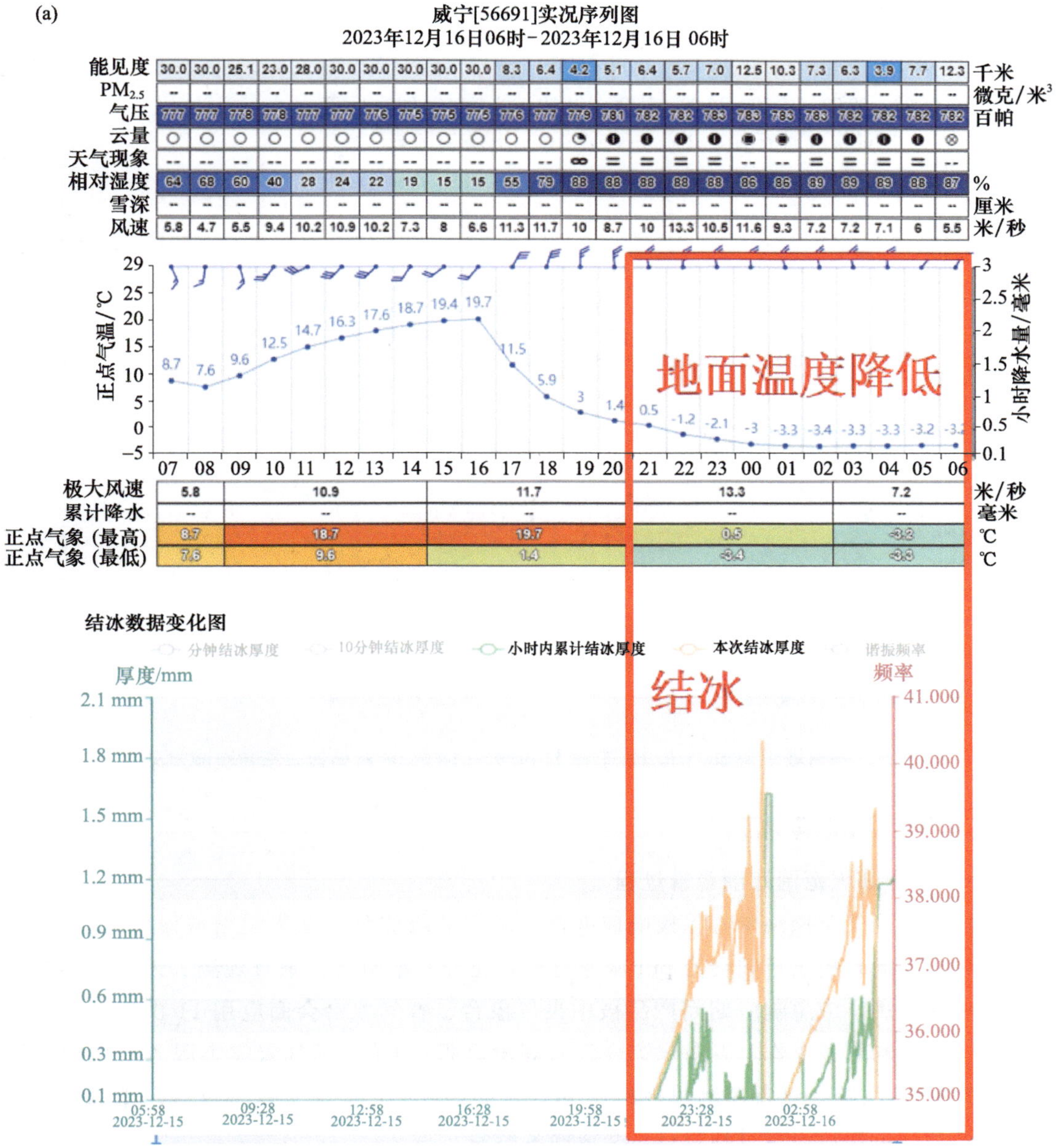

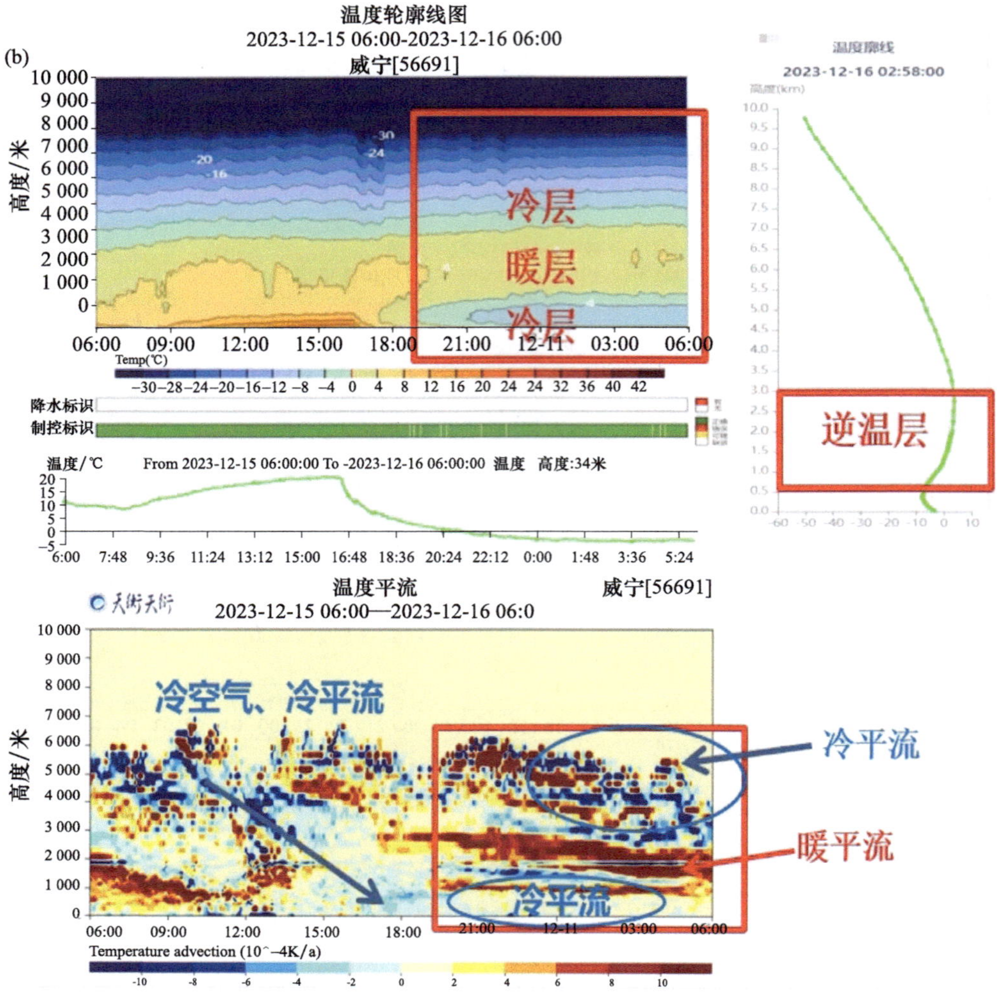

图 6 贵州威宁站 2023 年 12 月 15 日 06 时—16 日 06 时地面与垂直观测产品

三、观测服务情况

（一）中东部大范围寒潮暴雪过程

中国气象局气象探测中心积极响应寒潮、暴雪Ⅱ级应急，**固化观测与预报互动机制，**每日向中央气象台提供早间会商 ppt 服务材料，充分发挥雷达、垂直观测、地面等多源立体精密监测作用，应急响应期间产品被中央气象台、省气象台会商应用 11 次。**及时组织开展观测会商**和服务工作，发布《综合气象观测日报》4 份、《气象灾害服务应急响应情况报告》3 份、《综合气象监测快报》12 份。**及时组织高影响天气技术复盘，**邀请中央气象台首席预报员探讨天气过程特点，交流服务经验。

（二）甘肃临夏积石山地震灾害

中国气象局气象探测中心**快速响应**地震灾害气象保障，形成 2 期监测服务任务单，强化震区服务材料制作，滚动发布震区实况监测产品，持续 12 天提供地面、雷达、垂直观测等监测服务产品。**国省联动**全面核查应急响应区域雷达、探空、大气本底站、垂直观测等各类观测设备运行情况，发布应急响应情况报告12期。第一时间与甘肃省气象局沟通，建立灾情互动机制，及时沟通天气实况、装备运行情况与服务材料。**主动对接应急物资需求，**第一时间将3个中国气象局国家级应急物资储备库的应急物资发往甘肃和青海震区。

四、经验总结与思考

（一）快速响应，国省互动机制有效运行

积极响应寒潮、暴雪Ⅱ级应急预警，固化观测与预报互动机制，充分发挥雷达、垂直观测、地面等多源立体精密监测作用。第一时间响应重大灾害气象保障，组织观测会商，发布震区气象监测服务材料。及时核查应急响应区域各类观测设备运行情况，发布应急响应情况报告。及时与甘肃省气象局沟通，建立灾情互动机制，主动对接应急物资需求，将应急物资发往甘肃和青海震区。国省通过主动互动联动机制，圆满完成抗震救援气象保障工作。

（二）充分挖掘，全面提升冬季复杂相态识别预警能力

充分利用雷达6分钟高时间频次以及双偏振特征精准识别了降雨、降雪、雨夹雪等天气类型，为冬季灾害性天气监测预警提供了极大的支撑。同时，通过不断挖掘风廓线雷达、微波辐射计、云雷达等多种垂直观测，形成了多种直观、高价值产品，监测雨雪从空中到地面发展演变过程，监测雨雪过程加强、减弱的趋势与时间点，揭示降雪、冻雨发展的垂直动力与温湿条件，实现灾害性天气的精密检测、提前预警。

（三）深入复盘，总结产品应用效果，提炼服务经验

在高影响技术复盘中，分析了本次过程特点及天气系统的主要影响，总结了天气雷达、垂直观测等产品的应用效果。同时也发现了由于天气雷达雨与雪双偏振特征参数重叠较多，对于雨夹雪这一现象，识别效果不佳。层状云降水亮带对降水估测有很大影响，算法识别能力有待进一步提升。这为后续进一步提升冬季降水相态识别、监测能力提供了宝贵的经验。

（四）公众服务、宣传科普影响价值不断提升

参与中国气象局气象宣传与科普中心“直击中东部大范围强降雪台风超长直播”。天气雷达6分钟雨雪识别产品动图发布于中国气象局微博。积极向中国气象局官方网站、微博以及中国气象报社、中国天气网等官方媒体推送震区、雨雪监测快报。在Ⅱ级响应工作状态下的监测与保障工作以及应急物资调拨举措被《中国气象报》一版报道。《中国气象报》、CMA官方外网刊登《星夜驰援 千里奔赴积石山——抗震救灾气象应急物资保障跑出“加速度”》文章，指出气象探测中心主动对接震区气象部门，按照应急调拨指令，加速驰援震区应急物资的过程体现出分秒必争、“人民至上、生命至上”的精神。

智能化定制化产品系统
助力成都大运会气象服务保障

中国气象局公共气象服务中心

渠寒花　章　芳　郝江波　邓美玲　窦泽坤　张鑫鑫

李雁鹏　杨如意　冯宇星　赵潇然

一、基本情况

2023年第31届世界大学生夏季运动会（简称大运会）在四川成都举行，赛事正值“七下八上”主汛期，天气复杂多变，暴雨、大风、高温等极端天气频发，对气象保障技术支撑提出较高要求。中国气象局公共气象服务中心（简称公共气象服务中心）根据成都天气、气候特点，创新技术模式、应用模式，集中优势力量，研发了大运会定制化公众气象服务产品及智能写稿气象服务系统，面向大运会8处重要场所、13个赛区26个训练及竞赛场馆，形成多场馆、小时级、全要素的场馆服务保障能力。

在技术模式上，以科技创新为驱动，利用自然语言处理、知识图谱、机器学习、多模式集成等AI（人工智能）技术，研发定制化的大运会多模式指数预报服务产品，构建智能化的“一馆一策”大运会气象服务智能写稿系统；在服务应用模式上，人工智能促进现有工作模式从手工到自动转变，场馆气象服务专报制作时间由小时级降低为分钟级，极大地提升了一线气象预报服务自动化、时效性与智能化，有力保障了大运会气象服务工作。

二、技术产品研发情况

（一）科技赋能，大运会智能写稿系统助力气象服务智能化

基于成都市近5年历史资料集训练，构建大运会气象服务专项知识图谱，综合采用机器学习模型与自然语言自动生成技术，构建知识驱动的自然语言处理模型，根据场馆位置、天气特征，参照国际赛事气象服务专报要求，对专报生成的基础语料、描述内容、句式结构和篇章结构进行提前分析，研发个性化场馆专报生成模型，多要素气象条件精细化监测预报预警、高影响天气智能分析，实现大运会8处重要场所、13个赛区26个训练及竞赛场馆专报智能化、自动化生成，为一线预报保障人员提供多场馆、小时级、多要素的中英文场馆专报实时制作与服务保障能力。

（二）精准服务，研发定制化精细化公众服务产品

自2022年4月起，公共气象服务中心就精细化公众服务产品与大运会保障团队积极对接服务需求，通过反复沟通，讨论、修改、确认服务内容，创新升级服务产品与形式，于2022年底初步完成大运会定制化气象服务产品的研发工作（图1）。该产品依托中国气象局公共气象服务中心精细化多模式集成预报系统，基于NCEP、ECMWF、CMA-GFS

和 CMA-MESO 多模式确定性预报和集合预报，以及国家级地面气象实况资料等数据，通过时空降尺度技术得出精细化到场馆的预报服务产品。考虑天气变化对公众身体感受、交通出行等方面的影响，分析气温、降水、风、湿度等气象要素影响权重，构建本地化计算模型，形成大运会 100 余个需求点的观赛指数、穿衣指数、紫外线指数、洗车指数、旅游指数、交通指数、运动指数、过敏指数、中暑指数共 9 类指数 1～3 天逐日指数预报服务产品，实现“点—线—面”相结合，精准服务精细到点。

图 1　成都大运会气象服务智能写稿系统及服务专报示例

三、气象服务情况

（一）智能化大运会写稿系统助力大运会气象服务提质增效

公共气象服务中心成立“成都大运会气象服务保障专班”，针对重点服务时段、重点场所，聚焦大运会期间的天气趋势及影响，从前期准备到中段演练，再到最后正式开幕、闭幕等气象服务，全过程保障服务运行稳定性。针对 7 月 27 日大运会开幕式恰逢超强台风“杜苏芮”北抬的复杂天气形势，智能写稿研发团队积极配合对接保障团队，及时调整东安湖体育中心专报生成算法，加密发布专题天气预报专报 11 期，尤其是针对开幕式 27 日、28 日每小时的保障服务，为一线预报团队向赛事管理部门报送决策服务材料，为大运会执委会等部门提供专题天气预报提供了技术支撑，同时，还为成都大运会赛时指挥中心（MOC）提供相应的调度材料支持。该系统有效保障了大运会 8 处重要场所、13 个赛区 26 个训练及竞赛场馆服务，每日自动化制作气象服务专报逾 100 期，一线预报团队专报制作时间由原来的小时级缩短为分钟级，实现多场馆、小时级、全要素场馆服务保障能力，为一线预报保障团队、MOC 运行调度中心及大运会执委会等赛事决策管理部门提供大运会气象服务技术支撑。

（二）定制化指数产品全过程保障大运会气象服务

为做好大运会指数产品的气象服务保障工作，公共气象服务中心成立“成都大运会服务保障先锋队”。测试服务期间，保障先锋队成员对系统服务器性能、产品制作传输稳定性等进行多次梳理检查，大运会举行期间，保障先锋队成员每日三次核查产品生成及传输情况，动态关注天气变化与指数产品效果，大运会赛事热火朝天之时正值“七下八上”主汛期，在保证汛期日常业务正常运转的情况下，全力做好各项大运会服务保障工作，确保指数定制化服务产品在大运会期间稳定生成、传输、服务。该产品有效保障了 113 个国家（地区）代表团、6500 余名运动员的赛事运行，公众可根据观赛指数、运动指数合理安排观赛时间，穿衣指数、洗车指数、交通指数为观赛人员的出行提供气象服务参考；紫外线指数、旅游指数、过敏指数、中暑指数提供旅游相关的气象服务提示。

四、气象防灾减灾效益

公共气象服务中心基于人工智能、自主研发的成都大运会气象服务智能写稿系统，提供大运会 8 处重要场所、13 个赛区 26 个训练及竞赛场馆专报自动化生成，促使一线预报团队服务时间由小时级缩短为分钟级，赛事期间每日智能化、自动化制作场馆气象服务专报逾 100 期，为一线预报保障团队、MOC 运行调度中心及大运会执委会等赛事决策管理部门提供专题天气服务参考，有效支撑了大运会气象服务保障。

研发了适用于成都本地的定制化气象指数模型，完善了产品的降级备份保障机制，从 2023 年 5 月开始至大运会召开期间，一日三次稳定更新定制化指数气象服务产品，为大运会赛事顺利运行提供气象决策参考，在有效保障赛事运行的同时为公众穿衣、出行、健康、生活等方面提供气象服务参考，圆满完成大运会的气象服务保障工作。

观测-业务互动　成功助力成都大运会气象服务保障

青藏高原气象研究院

蒋兴文　赵兴炳　衡志炜　冯　勇　董元昌　张成宏

孙　澈　李　娟　刘振宇　郭　然

一、基本情况

2023年7月28日—8月8日，第31届世界大学生夏季运动会（以下简称成都大运会）在成都举行，为保障成都大运会开/闭幕式及各项赛事的顺利举行，全国气象工作者全力以赴，青藏高原气象研究院（以下简称高原院）责无旁贷，强化观测试验与业务的互动，为成都大运会气象保障服务提供关键技术支撑。

高原院通过实施2023年西南涡加密观测科学试验暨第31届世界大学生夏季运动会气象保障加密观测（以下简称观测试验），在连续14年实施西南涡加密观测试验基础上，根据成都大运会气象保障服务特点，针对成都天气预报敏感区设计并实施了外场观测试验，填补观测空白区域，获取的观测资料经过格式转换等实时传输至成都大运会气象台，为预报员分析中尺度天气系统及其降水影响提供了重要的参考。充分发挥野外科学试验基地作用，将激光风廓线雷达和云雷达等移动观测设备部署于关键位置并将观测资料实时传输至成都大运会人工影响天气联合指挥中心，为人工影响天气作业提供了参考。基于自主研发的机动观测科学决策与评估应用系统，为大型无人机飞行规划、观测数据质量评估和业务应用提供全流程的支撑。

二、观测-业务互动提供气象保障服务

（一）联合国家级业务单位开展地-空-天相结合的天气系统综合观测试验

联合中国气象局气象探测中心，在川西高原开展大型无人机下投探空观测；结合地面加密探空观测、风云卫星快扫观测，实现了西南涡天气系统地-空-天多平台的综合观测。观测试验中充分发挥最新发展的大型无人机和雷达等新型观测设备及各类常规观测的协同优势。为提升观测试验的科学性和业务支撑能力，研发了机动观测科学决策与评估应用系统。该系统包含预报敏感区计算、飞行路线规划、仿真观测同化、观测效益评估四个分系统。该系统能实时根据天气形势给出每次飞行任务的科学决策分析报告，包括无人机飞行路线与探测仪下投点位等，实现了观测试验的科学设计与业务应用效益的定量评估。

（二）开展观测与业务的双向互动

协同气象探测中心、成都大运会气象台进入“观测-预报”双向保障模式。观测试验期间全部观测资料通过网络实时推送到高原院和成都大运会气象台，分别进入西南区域数

值预报业务系统和MICAPS业务系统。同时，数值预报团队在每次飞行任务后，第一时间给出科学检验评估报告，为总结机动观测效益与规划后续观测试验提供一手信息，最大限度服务于成都大运会。此外，根据首席预报员对观测的需求，新增风廓线雷达、云雷达等，增加下投探空点，开幕式当天地面高空探测进行超强加密（一天8次探测），最大限度为预报员服务。

（三）定制化增加数值模式预报试验

为提升高影响时段模式降水预报的准确性，确保万无一失，根据首席预报员对成都大运会开幕式主要影响系统，为成都大运会定制多套预报试验方案，在原有3套（SWC9KM、SWC3KM、SWC1KM）西南区域数值预报系统基础上，紧急协调计算资源和科研人员，新增3套敏感性试验方案（WINGS1——在SWC3KM基础上，加入重力波拖曳；WINGS2——在SWC3KM基础上，WRF版本升级到4.2.2版，使用了重力波拖曳+MEP方案；SWC_EC——在SWC3KM基础上，驱动场由NECP换成ECMWF），平行运行，提前30小时，业务模式和敏感性试验方案给出一致预报结论，开幕式关键时段成都无降水，为各级领导和预报员提供参考。按照上级部署，以7月23—24日降水过程为实战进行演练，各敏感性试验方案预报效果优势明显，首席预报员在全国天气会商上做重点介绍。

（四）最大程度保障试验资料在业务中应用

为将观测试验结果第一时间应用到预报服务中，西南涡加密观测科学试验启动后，第一时间派专人赴现场解决加密资料数据传输和数据应用的问题，确保观测数据第一时间传到成都大运会气象台和预报员桌面。针对成都大运会数值预报支撑服务，数值预报团队改变快速更新循环同化数值预报系统产品制作策略，以数据传输带宽换取预报可用时效，成都将预报延时时间压缩到1～2小时，提升数值模式预报产品的可用时效，成都大运会服务期间滚动制作数值预报产品，检验数值预报情况，为预报员做好服务。试验前请首席预报员分析未来的天气形势，根据首席预报员的建议和需求，布设观测站点，试验过程中，观测数据实时传到预报员手中。为了方便预报员使用，将数据格式转换成MICAPS格式，各类观测协同组网，辅助预报员进行天气分析，并且西南涡加密观测资料实时进入数值预报系统，不断提升数值预报性能。

三、预报服务成效显著

通过选派模式技术人员到现场开展保障，做实时讲解，根据需求，制作定制模式预报产品、模式预报检验产品，给出预报参考建议等，进一步提升了数值模式的业务支撑能力。开幕式前一天，率先给出数值模式预报结论——“关键时段无降水”，并滚动更新数值模式对开幕式当天的预报情况。闭幕式前一天，数值模式预报成都西部有降水、局地对流发生可能性大，闭幕式当天滚动预报未来天气状况。高原院数值模式预报服务效果得到认可，预报效果受到各级领导和预报员的肯定，央视《东方时空》栏目、《中国气象报》等多家媒体对西南区域数值预报系统在成都大运会气象服务保障中发挥的重要作用进行了宣传报道。

国—省—市—前方指挥部四级联动 空地立体作业扑灭林火取得实效

1. 中国气象局人工影响天气中心； 2. 内蒙古自治区气象局人工影响天气中心；
3. 呼伦贝尔市气象局生态与农业气象中心

栾 天[1] 王 飞[1] 史月琴[1] 郑旭程[2] 蔡 森[1] 曲学斌[3]
韩 熠[1] 王思瀚[1] 沈淑婧[1] 王田田[1]

2023年春季以来，内蒙古自治区中东部降水显著偏少。8月6日起，受特殊天气影响，大兴安岭地区相继发生多起森林火灾，呼伦贝尔市根河境内阿龙山、满归地区火势蔓延，呈现多点集中爆发态势。“火情就是命令”，中国气象局人工影响天气中心（简称人影中心）充分发挥国家级引领作用，与林草部门紧急会商研判火情，联合内蒙古自治区气象局、呼伦贝尔市气象局统筹调度多方资源驰援火区。各级气象部门通力协作，发布精细化防/扑火专项气象服务产品四十余期；上下联动，在火区上游实施人工增雨作业。人工增雨作业在及早扑灭林火、防止后续复燃、降低周边火险等级等方面发挥了积极作用，受到政府和相关部门高度关注与认可，获得了良好的社会影响力。

一、基本情况

根河林火发生后，各级气象部门高度重视人工影响天气防/扑火服务工作，充分践行“人民至上、生命至上”理念，人影中心第一时间启动应急响应，及时建立部门间协调、国省市联动、内外场协同的工作机制，周密部署各项人工影响天气保障工作。主要领导靠前指挥，各单位密切配合，党员同志发挥先锋模范作用，各级人工影响天气工作人员在岗在责在状态，密切关注火情和天气情况，积极组织专题会商。联合内蒙古自治区气象局，调派国家高性能增雨飞机支援火区，并协调当地增雨飞机和地面作业力量，统筹调度、统一指挥，抓住有利天气过程在火区上游开展大规模空地联合增雨作业。8月13日，燃烧了6天的内蒙古大兴安岭林区的15起林火被陆续合围扑灭。14日，火场一线驻守人员全部撤回，气象保障工作圆满结束。气象与林草等多部门通力合作，为打赢这场攻坚战提供了坚实保障。

二、人工影响天气作业条件预报和监测情况

火情发生后，人影中心迅速响应，组织专家和一线业务人员成立工作专班。8月11日上午，人影中心召开国—省—市—前线指挥部四级联合专题会商，邀请国家林草局防火中心业务技术人员参加，围绕8月11—14日可能出现的有利降水天气，共同研判增雨作业条件。期间，共发布《人工影响天气作业计划》3期，《人工影响天气作业条件预报与作业预案》3期，《人工影响天气作业条件监测预警报告》2期，组织人工影响天气专题会商3次，对火区的云系性质、移向移速、增雨潜力等人工影响天气作业条件进行了预报监测和专项分析。

针对此次林火人工影响天气服务保障，人影中心持续加强火区及周围地区增雨作业云降水条件预报。根据CMA-CPEFS、CMA-MESO等模式预报产品，结合FY-4B、天气雷达卫星云参量反演产品等国家级业务单位监测产品，确定了“天气类型—降水—云系水平结构—云系垂直结构—作业条件—作业潜力落区”逐步判断的预报思路，对作业条件进行了滚动预报。8月11日20时起报的CMA-CPEFS V2.0预报结果显示：预计12日阿龙山火场区域受高空槽及低涡切变影响，有小到中雨天气；影响云系为积层混合云系，云系自南向北略偏西方向缓慢移动，移速为20～30千米/小时。降水云系主要为冷暖混合云，云顶高度6～9千米，云顶温度低于－10 ℃，云底较低，约1.5千米；云中过冷水主要位于0～－30 ℃高度（3.8～8.3千米），过冷水含量0.05～1.0克/千克（图1、图2）。建议飞机作业高度为4.1～7.0千米，作业层风向主要为偏南风、西南风，风速4～10米/秒。提醒需注意飞机作业安全，避开可能出现的强对流和强降水区。利用天衡天衍雷达拼图、“风云地球”高清云图和各类云特性参量产品12日的实况对预报结果进行检验，显示预报的作业条件与观测基本一致。

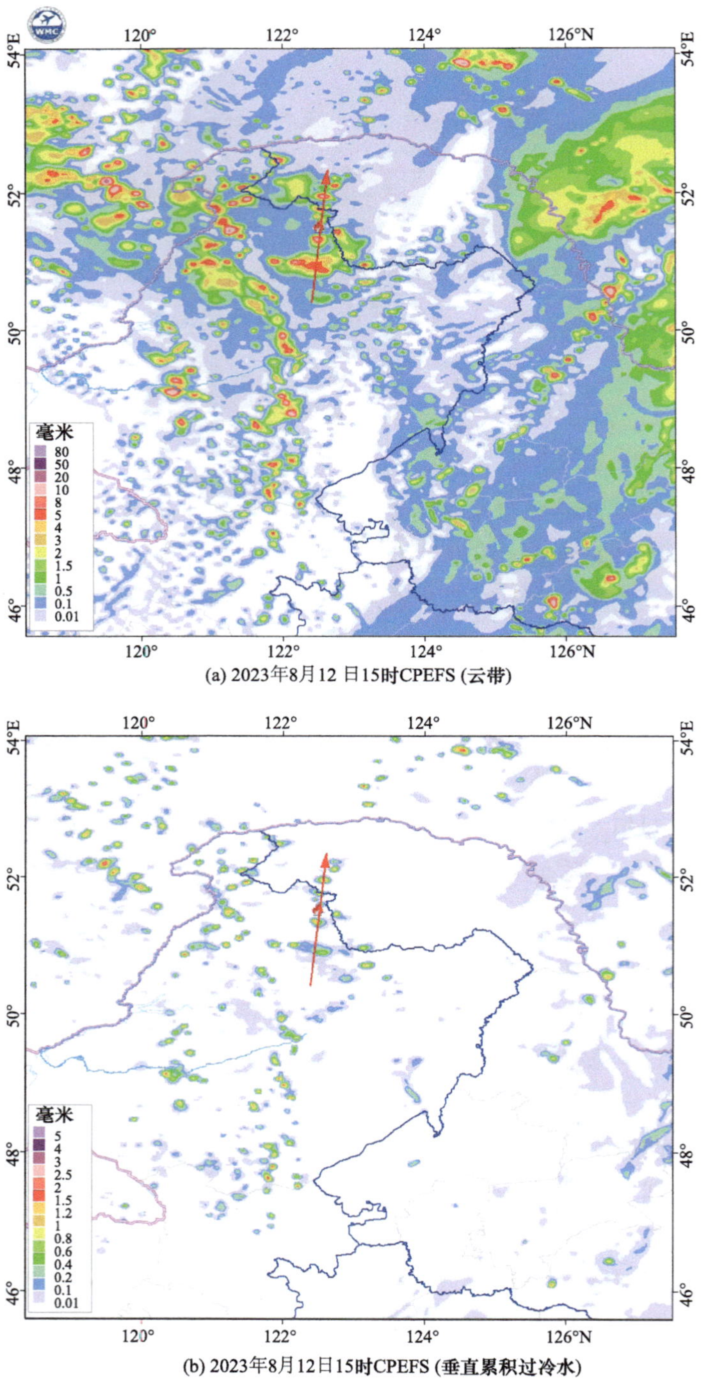

(a) 2023年8月12日15时CPEFS (云带)

(b) 2023年8月12日15时CPEFS (垂直累积过冷水)

图1 8月12日15时云带（a）和垂直累积过冷水（b）分布（箭头为图2剖面位置）

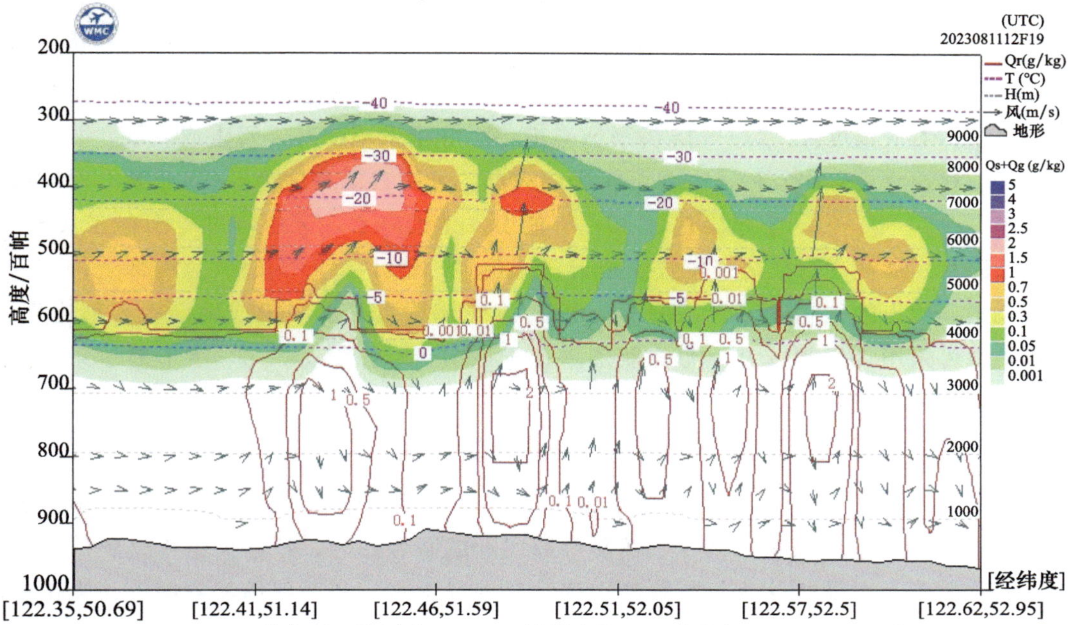

(a) CPEFS_模式 雪+霰混合比(g/kg)、雨水混合比(g/kg)和高度(m)20230812 15时

注：云水(填色阴影)，冰晶(红色等值线)，等温线(紫色等值线)

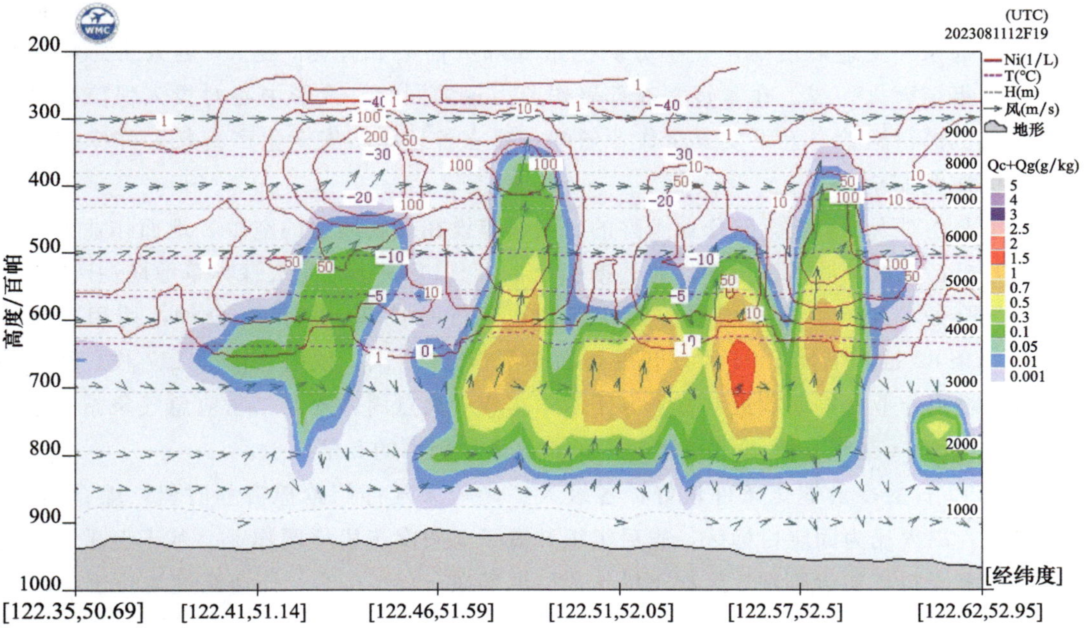

(b) CPEFS_模式 云水混合比(g/kg)、冰晶数浓度(1/L)和温度(℃)20230812 15时

注：雪＋霰(填色阴影)，雨(红色等值线)，等高线(紫色等值线)

图 2　8 月 12 日 15 时图 1 红色箭头剖面的云系垂直结构（内蒙古东北－黑龙江西北）

服务期间，充分利用基本气象业务数据结合人工影响天气专项产品监测作业条件。基于气象卫星和天气雷达 V3.0 反演产品实时滚动监测目标云和回波的发展演变，同时加强探空云结构分析及人工影响天气自研云特性参量产品的应用和检验，开展根河火场区域云降水结构特征的多源资料精密监测。12 日上午监测表明，火点周边为中云，云顶高度为 4～6千米，对应温度为－5～－15 ℃。火点南部 100 千米范围有云团生成发展，并向北缓慢移动，移速为 5～6 米/秒，未来可能影响火点。云团云顶高度为 6～8 千米，对应温度为－15～－20 ℃，云光学厚度超过 30，可能引发地面降水，云中有过冷水存在（图 3）。根据云降水发展演变特征结合模式预报云降水检验，预计 12－15 时火点南部上游有云系逐渐北抬。给出的作业建议为：在火点南部 50 千米附近开展飞机或地面冷云催化作业，飞机航线可采用 8 字形或几字形，航迹垂直于风向，8 字形或“几”字形的单条飞行长度50 千米。

三、人工影响天气作业情况和服务效益

8 月 10 日，由人影中心支援呼伦贝尔的应急指挥车赴林火现场服务保障，作为前方指挥部与当地应急减灾、林草、消防等部门开展联合办公。呼伦贝尔市气象局派出气象应急保障先遣分队抵达火场前线架设移动自动气象站，开展现场气象服务。人影中心联合内蒙古自治区气象局及时协调北部战区、民航、机场等部门，并调派国家级高性能新舟-60 增雨飞机抵达海拉尔东山机场。根据作业力量部署，呼伦贝尔运-12 增雨飞机同时转场至根河机场，与新舟-60 高性能增雨飞机做好协同作业准备。此外，呼伦贝尔市气象局选派 4 支地面增雨作业小分队携带 5 部火箭架和弹药，近 50 名人工影响天气作业人员集结灭火一线。在紧锣密鼓部署作业力量的同时，人影中心对投入保障的国家高性能飞机进行巡检，并下发安全作业通知，要求各地压实安全生产责任，守牢安全底线，确保作业安全。

基于上述对人工影响天气作业条件的研判，布设在火区周边的空中、地面作业力量抢抓有利时机，积极开展人工增雨作业。据统计，11－14 日针对此次森林草原防/扑火人工影响天气服务，共组织飞机增雨作业 6 架次，飞行时长 20 小时 48 分钟，使用碘化银（AgI）焰条 82 根，焰弹 1296 枚；开展地面增雨作业 11 次，发射火箭弹 117 枚。初步估算，人工增雨作业影响面积近 6 万平方千米。作业后火点周边阿北二岔应急气象站 8 小时累积降水达 26.4 毫米（图 4），是阿龙山镇其他区域降水的 2 倍以上。

由于 12 日的冷云催化条件较好，各级人工影响天气部门抢抓有利时机，综合研判、科学设计，以火场为固定目标区，先后组织开展了 3 架次飞机增雨作业。基于卫星、雷达和机载探测资料，初步研判 3 架次飞机作业层温度在－15～0 ℃，作业高度均位于 AgI 播云温度窗区（图 5），过冷水含量丰沛。采用 CMA-CPEFS V2.0 人工影响天气数值模式模拟人工增雨作业效果，结果显示，火场及周边地区累计增加降水达 181 万吨（图 6）。人工增雨作业对明火的全面扑灭和后期的火场清理起到至关重要作用，受到林草部门和地方政府领导高度肯定。

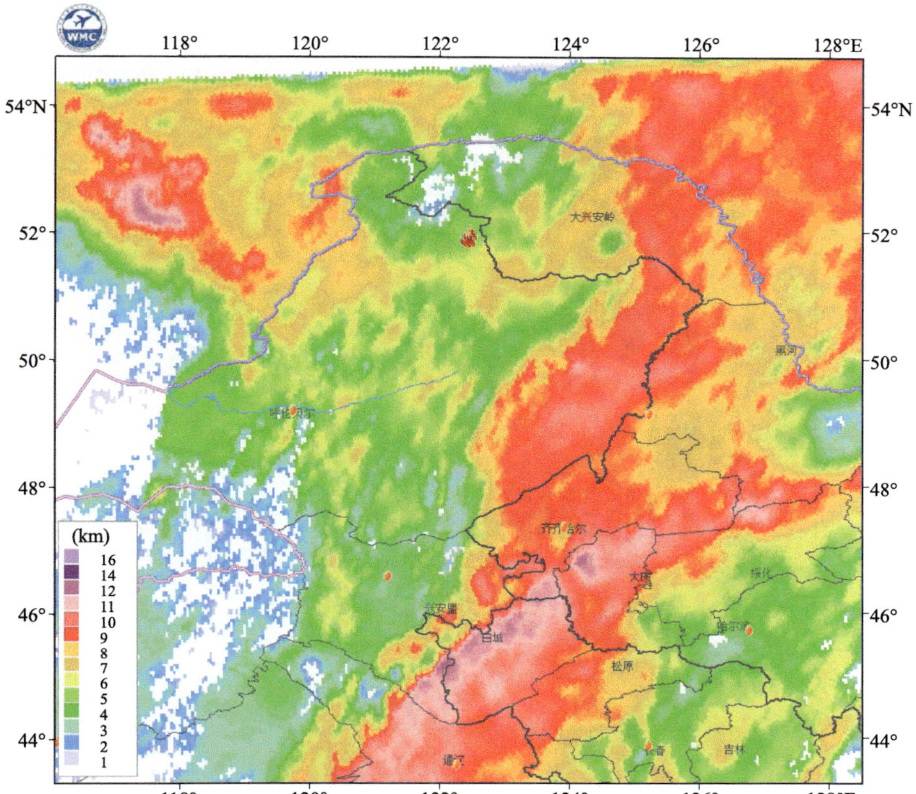

(a) FY4A云产品_WMC (cth:云顶高度) 20230812 10:30

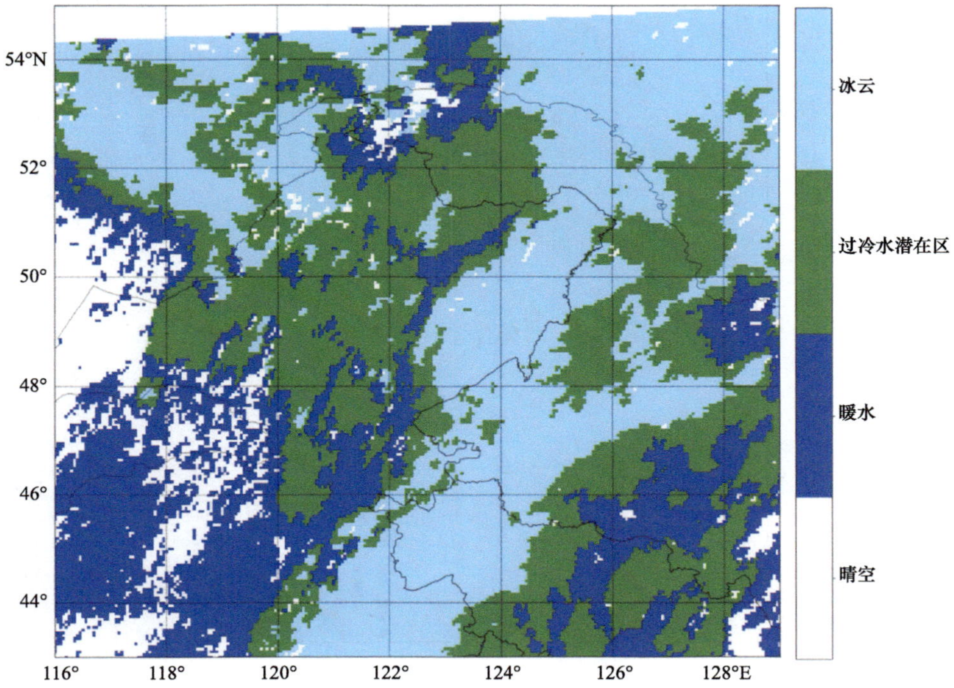

(b) FY4A_CLP_TP_ (20230812 023000 - 023417)

图 3　8 月 12 日 10 时 30 分 FY-4A 卫星反演云顶高度（a）和过冷水潜在区产品（b）

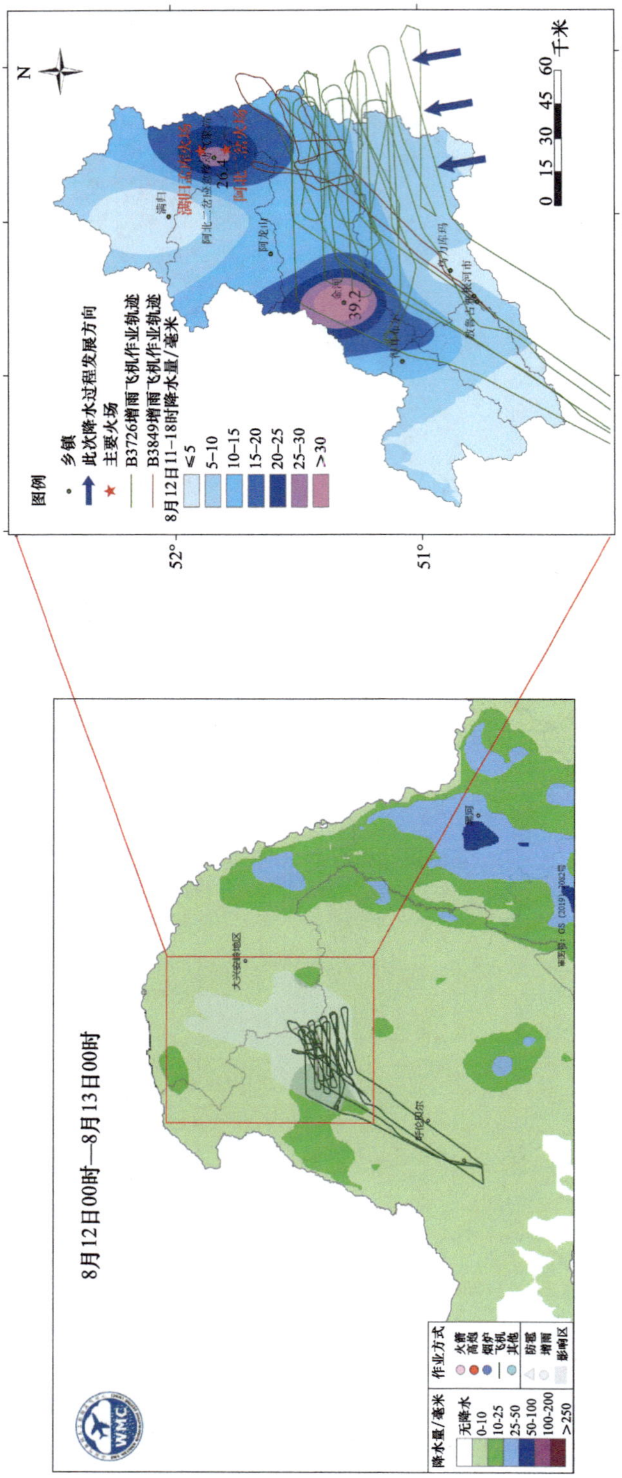

图4 8月12日累积降水量叠加作业影响区

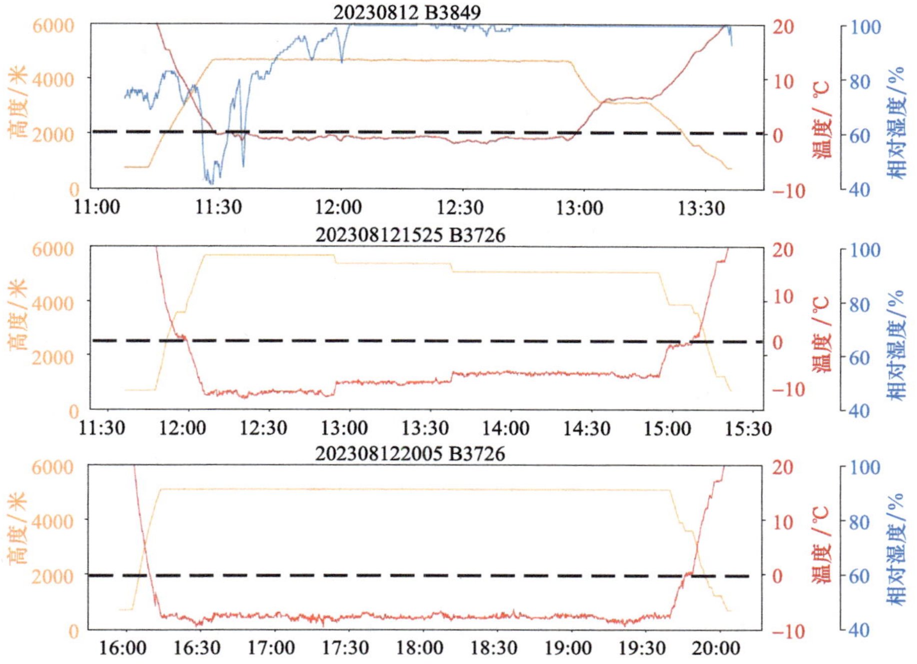

图 5　飞机探测的飞行高度、温度和相对湿度

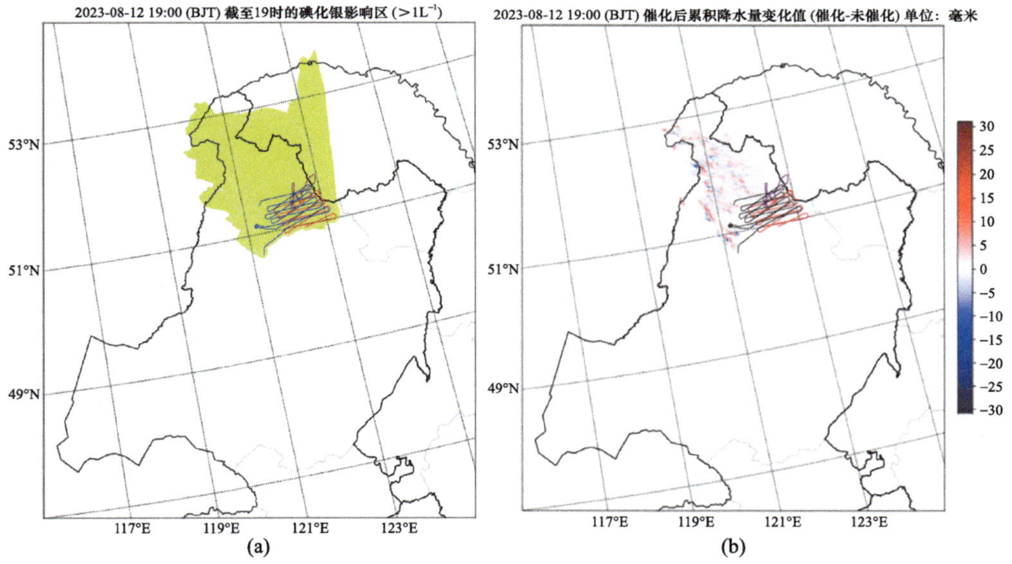

图 6　CMA-CPEFS V2.0 模拟的 8 月 12 日飞机作业催化影响区（a）和催化后雨量的变化（b）

四、主要经验和下一步工作打算

在中国气象局的统一部署下，人影中心统筹调度多方资源驰援火区，与林草部门通力合作，国-省-市-前方指挥部四级联动，抓住有利时机，为火区开展人工增雨服务，取得良好成效。主要体现在以下方面。

（一）加强与林草部门“三联促三动”工作机制

气象部门与林草部门及时沟通、开展联合会商，通力协作，有效提高了防/扑火人工影响天气作业效率。

（二）推进国家级业务产品应用及检验

应急保障服务中，人影中心将“固定目标区”作业方案设计技术、FY-4B 气象卫星快扫云图和云图外推产品、雷达资料和外推产品以及 CMA-CPEFS V2.0 数值模式云结构预报产品等应用于人工影响天气作业条件预报、监测和作业指挥，提高了指挥作业的科技水平。

（三）积极发挥重大人工影响天气工程建设成效

积极利用区域人工影响天气工程现代化建设成果——高性能国家人工影响天气飞机配备的先进机载大气探测、催化播撒、卫星通信等任务系统以及地面指挥系统，空地一体化实时指挥监控飞机作业，提高了飞机作业的科学性和时效性。

人影中心将以此为契机，进一步加强与林草部门的业务交流。加强针对火险预测预报、卫星热点监测、雷击火监测、人工影响天气作业、技术防护及灾后评估等方面的业务交流和信息共享，提升森林草原火灾预防监测能力及火险气象服务，筑牢气象在防灾减灾救灾方面的第一道防线。

关于台风“杜苏芮”及其北上引起华北极端强降雨宣传科普工作情况

中国气象局气象宣传与科普中心（中国气象报社）

张　娟

针对2023年第5号台风“杜苏芮”登陆风雨影响及其北上引起的华北极端强降雨，中国气象局气象宣传与科普中心（中国气象报社）认真落实中国气象局党组要求，快速响应、尽锐出战，精细化组织“一过程一策”，有力有序引导舆论，使宣传科普深度融入气象防灾减灾第一道防线。报网新媒体等平台滚动发布产品超过1000个（篇），与184家媒体开展联合直播播放量达3.2亿次，新媒体话题浏览量近1亿次，全网相关资讯达到54万条。

一、整体情况

（一）强化组织协调

结合主题教育调研成果，完善工作机制，在中国气象局办公室指导下，组织召开两次“一过程一策”国省宣传科普会商，加强对下业务指导，分过程组建“一过程一策”国省市县信息共享微信群，提供宣传科普指引及科普产品清单，派出骨干记者深入福建、河北、北京等地以及国家级业务单位采访报道。

（二）强化科普解读

以预报预警为先导，在台风登陆前、登陆后以及深入华北乃至引发严重灾情后，找准宣传科普切入点，推出6期针对性强的专家解读，绘制华北暴雨天气形势示意图，滚动发布监测实况和科普产品，把握宣传节奏，回应公众关切、媒体关注，广泛警示极端性，使宣传科普与预报服务紧密配合，积极引导社会舆论。

（三）强化内外联动

联合国家级业务单位和京津冀等相关省份气象部门，分别召开台风“杜苏芮”和华北强降雨媒体通气会，与中央媒体、地方媒体、社会媒体联合开展大型网络直播并落地地方气象和防汛部门指挥大屏，加强预报预警权威发布、专家解读、滚动科普，有效扩大气象服务覆盖面，全景展现气象防灾减灾第一道防线作用发挥。

（四）强化决策服务

围绕台风影响和华北强降雨引起的网络关注，开展不间断舆情监测，报送舆情报告8期，根据舆情风险研判提出应对建议，紧急协助处置“北京西部大量气象站因特大暴雨导致电力通信和设备故障失联”舆情，为气象服务营造良好的舆论氛围。

二、工作亮点成效

（一）两场大型直播全网刷屏

策划推出《直击台风“杜苏芮”超长直播》《全景直播京津冀极端强降雨》，184 家媒体参与，同时在地方防汛部门大屏播放，京津党政领导在检查工作时观看直播，总播放量超过 3.2 亿次，被《大河报》等媒体称为“全网传播支柱”，有力扩大气象服务覆盖面。

7 月 25 日 17 时起，联合国家气象中心、国家卫星气象中心、福建省气象局、广东省气象局等单位以及《人民日报》、新华社、央视、东南网、《南方日报》等媒体发起直击台风“杜苏芮”超长直播，整场直播全面覆盖台风登陆前、中、后。直播持续超过 72 小时，103 家中央及地方主流媒体一线网络平台共同参与转播。《人民日报》微博直播观看人数超过 3000 万，推动微博话题登上热搜。中国气象局抖音账号 1200 余万人收看。百度将直播置于百度搜索引擎首屏首栏，央视频首页推荐，应急管理部等政府官微转播。直播画面持续在福建、广东等地部分基层防汛防台风部门指挥大厅大屏上播出，在决策服务中发挥效用。截至 7 月 28 日，全网总播放量突破 1.5 亿次，成为现象级传播。

针对京津冀等地极端强降雨，7 月 29 日 14 时联合国家气象中心、国家卫星气象中心、中国气象局气象探测中心及京津冀地区气象部门启动全景直播京津冀极端强降雨，邀请专家解读分析，展示气象监测实况，其中基层连线直播 40 余轮（次），滚动播放名家讲科普等科普视频，《人民日报》、新华社及京津冀地区主流媒体 81 家参与直播，被《人民日报》客户端直播频道置顶推荐，新华网微博同步转发推荐。截至 8 月 1 日，全网播放量达 1.7 亿次，仅《人民日报》微博单平台的播放量就超过 4000 万次。直播同时落地北京、天津等地气象、防汛部门指挥大屏，北京市委书记尹力、天津市常务副市长刘桂平等领导在检查暴雨防御工作时，观看了直播内容。

（二）递进式科普宣传有效引导舆论

针对两次过程特点，均突出极端性和气象预警，例如中国气象局微信公众号在 7 月 26 日第一时间发布台风红色预警消息，阅读量迅速超过 120 万次。在台风登陆前，推出解读《五问台风“杜苏芮”！强度堪比超强台风“莫兰迪”?》，通过历史台风案例对比，警示其极端性，在台风登陆后即将北上时，推出解读《注意了！台风“杜苏芮”北上！这些地区警惕极端降雨！》。

在暴雨红色预警发布后，配合推出解读《“杜苏芮”北上制造极端暴雨，原因为何?》《京津冀暴雨要下几天？什么是“列车效应”?》，联合中央气象台绘制通俗易懂的天气示意图，得到近百家媒体转发，《中国日报》据此制作推出英文版示意图，中国气象局办公室纳入报送国办材料。针对京津冀地区特别是北京主城区在 7 月 30 日降雨平缓的情况，连续滚动推出降雨实况产品及暴雨量级解读《雨还在下！京津冀地区累计最大降雨量已超过 500 毫米，不可放松警惕》《探秘｜究竟什么是“暴雨”？为何“观感”有不同?》，后者被《人民日报》微博转发，阅读量达 780 万次。7 月 31 日—8 月 1 日，针对北京、河北出现严重灾害的情况，推出解读《复盘｜致灾严重的华北极端强降雨，究竟下了多少雨!?》专家视频并制作数据新闻图解，得到新华社、央视网、人民网及《北京日报》《河北日报》

《新京报》等媒体转发，引导公众客观看待灾情。

（三）“绿色通道”放大传播力

在台风和暴雨一级响应下，强化与媒体沟通和联合策划，除了组织两场媒体通气会外，每天通过“绿色通道”机制向主流媒体推送预报预警、风雨实况、专家解读等重要宣传科普素材10余条。“中国气象局启动台风一级应急响应”在7月27日央视《新闻联播》播出，7月30日邀请央视记者走进中国气象局气象探测中心直播气象雷达监测实况，7月31日央视《新闻1+1》连线中央气象台首席预报员方翀深入解读华北极端强降雨；《人民日报》连日刊发《华北、黄淮等地将有极端强降雨　多部门部署防范应对工作》；新华社报道《今年首个台风红色预警发布“杜苏芮”影响几何?》；《经济日报》刊发《强降雨因何“滞留”京津冀》；《科技日报》客户端报道《史上第二个红色预警！“杜苏芮”为何带来如此大范围高强度降水?》，此外，央视网、中国国际电视台、《光明日报》、《科技日报》、《工人日报》、中国新闻网、央广网、澎湃新闻、中国科普网、《新京报》、《南方都市报》等均发布相关信息。截至7月28日全网发布相关台风资讯共计31万条，其中中央媒体发布2855条；截至8月1日全网发布华北暴雨相关资讯共计23万条，其中中央媒体发布2873条。

三、总结分析与下一步工作计划

宣传科普是气象预报服务链条上的重要一环，直达公众、引导舆论、提升服务成效。针对重大灾害性天气过程的宣传科普工作，要加强主动互动联动，稳妥把握节点节奏，加强舆情监测分析，通过完善上下联动、内外联动工作机制，提升传播力、影响力。

下一步，气象宣传与科普中心（中国气象报社）将结合主题教育整改成果，深入思考并完善“一过程一策”中的舆论引导机制，增强递进式应急科普产品创作能力，提高资源共享水平，使宣传科普与预报预警、监测评估以及“叫应”服务等紧密全程协同，推动宣传科普深入融入气象防灾减灾第一道防线。

"中国天气"聚焦主责主业
主动互动联动做好台风"杜苏芮"气象服务

华风气象传媒集团有限责任公司

李婷婷　陈　萌　杨　雪

2023年第5号台风"杜苏芮"成为2023年以来登陆我国最强台风，持续影响福建、广东、河南、山东、京津冀等地。针对台风影响，在中国气象局的统一部署下，华风气象传媒集团有限责任公司（简称华风集团）提前策划，全程追踪，国省市联动，跨部门合作，多媒体发声，多平台推广，进行了大量的服务手段及策略创新。与中央广播电视总台、凤凰卫视等合作媒体权威发声，共发布预警信息519次，相关新媒体服务及气象服务产品全平台浏览量达16亿次，"中国天气"全站浏览量历史首次连续16天破亿次，单日浏览量达1.82亿次创历史新高。

一、聚焦公共气象服务主责主业，开展服务创新

华风集团以习近平新时代中国特色社会主义思想为指导，认真贯彻落实习近平总书记关于防汛救灾重要指示批示精神，聚焦公共气象服务主责主业，高标准高质量开展主题教育，深入贯彻气象部门"三联促三动"工作机制，以全媒体气象服务产品创新及发布传播为抓手，开展更加深入的公共气象服务创新实践。在此过程中，通过总结服务产品形态与主流媒体和用户平台需求的匹配，分析部门内外同类型气象服务的实际效能，自我突破、自我革新，不断创新实验新产品、新手段、新方法，以促服务效能提升。

二、聚焦台风"杜苏芮"服务要点，推出形式多样的媒体服务产品

（一）主流媒体权威发声，原创策划递进式媒体服务，把握重要节点加密输出独家产品

及时关注台风"杜苏芮"动向、风雨影响以及京津冀极端强降雨，以《新闻联播天气预报》为代表的气象影视节目第一时间权威发布台风红色预警、暴雨红色预警、强对流天气黄色预警等各类灾害预警（图1）。从前期台风历史数据统计到台风登陆前后风雨实况追踪、强降雨重点影响时段及区域解读、灾害服务提示到强降雨成因科普，提供细致全面的公众气象服务。面对台风"杜苏芮"带来的极端灾害天气，积极对接合作媒体激增连线需求，共增加31次专家连线，节目得到了中央广播电视总台肯定、点赞。

利用"中国天气"发布权威、服务多元的特点，推出"预报预警＋动态跟踪＋专访分析＋数据挖掘＋国省联动现场报道＋科普解读＋灾害防御提示"全方位递进式服务模式。把握台风"杜苏芮"发展变化重要节点，122条原创图文及54条原创视频立体织就深度服务矩阵，立足于把气象服务以媒体表达方式做全、做深、做精、做细。相关图文、视频服

务浏览量达 3.04 亿次，其中 17 条视频登上快手、抖音热榜推荐；超 20 余篇专访、路径影响解读被《人民日报》、新华社等 40 余家媒体平台转载推广（图 2）；全网首发台风登陆消息，福建台风盘点单篇阅读量超千万次。

图 1　7 月 27 日 CCTV-1/13《新闻联播天气预报》

图 2　“中国天气”台风“杜苏芮”原创图文产品被多平台转载、推荐

（二）探索“气象灾害天气服务直播”新模式

7 月 26 日，“中国天气”启动《直击“杜苏芮”》56 小时不断流全媒体直播。不简单追求直播的超长时长和覆盖平台数量，强化真实有效的用户服务。以气象分析师独家跟踪服务为直播主线串联，减少无效画面的循环输出，出人解读及现场连线“真”直播时长达 7 小时。结合颗粒度更细的地方媒体现场资源，辅以原创防灾减灾科普内容，借地方媒体平台嵌入，针对高影响地区的用户直接开展点对点在线服务。逐渐摸索出有别于普通媒体平台的“气象灾害天气服务直播”新模式。

本次直播在中国天气网、“中国天气”各新媒体平台首发，《人民日报》、人民网、中国新闻社、《环球时报》、《工人日报》、海外网、中国网、央视网、央视频、人民视频等国家级、省级超186家新媒体平台同步播出，全网观看量达3.7亿次。

（三）新媒体服务快、细、密

利用微博“短、平、快”平台特点，将台风影响按阶段、按区域拆分，形成“主干事件清晰，网状区域影响一个不漏”的微博报道体系。在台风登陆前后几天，每日微博发布50条以上，最高单日阅读量超1亿次，刷新创号以来历史纪录，原创内容登上微博热搜热门位达14次。微信利用长文章独有优势，每天围绕一个不同重点方向进行解读，单次过程出现2篇超10万次阅读量的爆款推送，相关推送登“在看”置顶推广位。

（四）气象产品智能化生产、场景化应用、精准化推送

自研站点极值提醒功能在台风影响前一周进行可能破极值提醒，为服务预判提供信息参考，台风影响期间不断提供信息和图形，丰富数据服务维度、提升响应效率。原创工具集上线台风路径和风云四号卫星云图交互产品加工制作2类工具。多样态定制化服务产品智能加工，新增3类全国图形产品。上线五大区域实况类图形产品，累计自动化生成图形产品300余张。完成7类国家级预警60余条图文产品在“中国天气”官微秒级发布。短视频加工平台自动化生产20余条，制作时间由5分钟缩短至20秒，制作效率提升15倍。

以上强大的自动化自研产品，通过“中国天气”媒体服务端及合作平台密集发布，覆盖人群广，更显权威性与服务性。

三、大力推进系统内联动，创新跨系统联合

气象系统内，集约资源，放大气象专业力量，“中国天气”联合中央气象台、国家卫星气象中心、中国气象局气象探测中心、国家气象信息中心、福建省气象局、广东省气象局，以及漳州、厦门多地气象局，使用4大类超8种气象专业产品，同时邀请3名专家、1名前方记者多轮次直播出镜，汇聚多维度产品、气象专家解读及现场服务资源。

气象系统外，主动深度联合中央合作媒体、地方专业媒体，交叉支撑。与CCTV《晚间新闻》《新闻直播间》《东方时空》《朝闻天下》、凤凰卫视《华闻大直播》等合作媒体平台增加31次专家连线，权威发声。开辟新闻频道《国际时讯》《环球视线》连线通路，满足更多平台天气分析需求。至此，在强天气出现时，实现央视新闻频道天气分析全天候在线。

首次深度联合台风重点影响区域内福建省广播影视集团及旗下海博TV、广东广播电视台及旗下触电粤东新媒体。引入7路现场摄像头视频、13路现场记者，开展共计20次连线（图3），将服务维度深入到福建、广东多地沿海交通、旅游、农业、渔业领域，弥补“中国天气”现场记者及画面缺乏短板，将服务做实做深。

四、创新公共气象服务手段，以用户平台需求为定制引领

（一）拓展手机装机用户推送

通过与华为手机深度合作，并充分利用“中国天气”APP、“中国天气”WAP站等自有平台，面向超1.6亿名手机装机用户，精准推送“中国天气”台风相关媒体服务及气象服务产品。仅台风登陆当日，通过华为手机推送“中国天气”相关台风服务产品的曝光量就达3.32亿人次。

图 3　《直击“杜苏芮”》13 路现场记者直播连线

（二）台风路径小程序、实况天气小程序的多平台嵌套

面向微信、支付宝、腾讯等多个互联网平台，以及台风直接影响地区省级媒体，嵌套推送自研的台风路径小程序、实况天气小程序等气象服务产品，通过轻量化平台合作，将“中国天气”台风服务触及更多应用场景及平台用户。

（三）继续强化媒体服务推送阵地

针对不同媒体平台账号特性，强化产品运营推送。全媒体直播信号同步推广超 186 个媒体/账号，全网首发台风登陆稿件，快速覆盖主流媒体信源。下沉台风影响地区各级媒体传播渠道，输出气象专家权威滚动气象分析信息等多类原创气象服务产品，将服务精准触达影响区受众，互动反响热烈。

“中国天气”此次针对台风“杜苏芮”多维度立体服务，积极探索了在重大天气过程中，如何利用新媒体、互联网、手机端各平台渠道，第一时间、权威发声、立体服务、全媒传播，生动实践了部门内国省联动、跨部门媒体合作，资源共享，交叉支撑的业务模式，彰显了“中国天气”作为中国气象局公众气象服务品牌的社会责任担当。未来“中国天气”还将不断优化调整服务策略，面向媒体、面向公众提供高水准的气象服务产品，推动气象服务高质量发展。